Sammlung Schubert XLVI

# Thetafunktionen

und

# hyperelliptische Funktionen

von

**E. Landfriedt**

Oberlehrer am Technikum in Strassburg i. E.

Mit 5 Figuren

**Leipzig**

G. J. Göschensche Verlagshandlung

1902

# Inhaltsverzeichnis.

## Erster Teil.

## Die Thetafunktion und ihre Anwendungen.



## Zweiter Teil.

## Die hyperelliptischen Funktionen.

## Erster Teil.

# Die Thetafunktion und ihre Anwendungen.

## Kapitel I.

## Theorie der Riemann'schen Thetafunktion.

### § 1. Das Jacobi'sche Umkehrproblem.

Aus der Theorie der elliptischen Funktionen ist bekannt, wie befruchtend die Jacobi'sche Idee, die obere Grenze des elliptischen Integrals I. Gattung als Funktion des Integralwerts anzusehen, auf die Theorie der elliptischen Funktionen eingewirkt hat. Es wirft sich daher naturgemäfs die Frage auf, ob es nicht möglich und nützlich ist, für $p > 1$ eine ähnliche Frage zu stellen und zu lösen.

Einen ersten Fingerzeig in dieser Richtung giebt uns die Umkehrung des Abel'schen Theorems für Integrale I. Gattung. Bezeichnen, wie gewöhnlich, $u_1, u_2, \dots u_p$ die $p$ Normalintegrale I. Gattung, so folgt aus der Gültigkeit der $p$ Beziehungen

$$\sum_{\varkappa=1}^{q} u_\mu(\alpha_k) \equiv \sum_{\varkappa=1}^{q} u_\mu(\beta_k), \qquad (\mu = 1, 2 \,.\, p), \; q > p$$

die sich auch in der Form

$$u_\mu(\alpha_1) + \dots + u_\mu(\alpha_p) \equiv -u_\mu(\alpha_{p+1}) - \dots - u_\mu(\alpha_q) + \sum_{\varkappa=1}^{q} u_\mu(\beta_k)$$

schreiben lassen, die Existenz einer Funktion $\tau$ der Klasse, die in $\alpha_1 \dots \alpha_q$ gleich $0^1$ und in $\beta_1 \dots \beta_q$ gleich $\infty^1$ wird.

Einer solchen Funktion kann man, wenn sie eine Funktion II. Gattung ist, nach dem Riemann-Roch'schen Satze aufser den Unstetigkeitspunkten noch $\varkappa = q - p$ Nullpunkte $\alpha_{p+1} \ldots \alpha_q$ vorschreiben; dann sind die übrigen Nullpunkte $\alpha_1 \ldots \alpha_p$ im allgemeinen vollkommen bestimmt. Schreiben wir also abkürzend

$$-u_\mu(\alpha_{p+1}) - \ldots - u_\mu(\alpha_q) + \sum_{\varkappa=1}^{q} u_\mu(\beta_k) = v_\mu, \; (\mu = 1, 2 \ldots p)$$

so liefern uns die $p$ Beziehungen

$$u_\mu(\alpha_1) + \ldots + u_\mu(\alpha_p) \equiv v_\mu, \quad (\mu = 1, 2 \ldots p)$$

des Abel'schen Theorems das erste Beispiel eines Systems von $p$ Kongruenzen, das $p$ Punkte $\alpha_1 \ldots \alpha_p$ vollständig bestimmt durch die $p$ Summen $\sum_{k=1}^{p} u_\mu(\alpha_k)$ der Werte, die jedes der $p$ Normalintegrale in diesen Punkten annimmt.

Wir werden so, in natürlicher Verallgemeinerung, dazu geführt, folgende Aufgabe ins Auge zu fassen:

**Aufgabe:** Aus den $p$ Kongruenzen:

1°.) $$u_\mu(\alpha_1) + u_\mu(\alpha_2) + \ldots \; u_\mu(\alpha_p) \equiv v_\mu \quad (\mu = 1, 2 \ldots p),$$

worin $v_1 \ldots v_p$ beliebig gegebene Konstanten und $u_1 \ldots u_p$ die $p$ Normalintegrale I. Gattung sind, die $p$ Punkte $\alpha_1 \ldots \alpha_p$, wenn möglich, in Funktion von $v_1 \ldots v_p$ zu bestimmen.

Das in 1°.) vorkommende Kongruenzzeichen drückt aus, dafs die linke Seite von 1°.) gleich $v_\mu$ sein soll bis auf ein System

$$(gh)_\mu = g_\mu \pi i + h_1 . a_{\mu 1} + \ldots \quad + h_p . a_{\mu p}$$

zusammengehöriger Perioden von $u_1 \ldots u_p$. — In 1°.) sind die unteren Grenzen der Integrale vollkommen willkürlich; wir können daher die Kongruenzen 1°.) auch ersetzen durch:

2°.) $$u_\mu^{\alpha_1 c_1} + u_\mu^{\alpha_2 c_2} + \ldots \quad + u_\mu^{\alpha_p c_p} \equiv v_\mu \quad (\mu = 1, 2 \ldots p)$$

wo allgemein

$$3^0.) \qquad u_{\mu}^{\alpha_k c_k} = \int_{c_\varkappa}^{\alpha_\varkappa} d u_\mu \qquad (\mu = 1, 2 \ldots p)$$

ist, und das Kongruenzzeichen ausdrückt, dafs für jedes $\varkappa$ der Integrationsweg von $c_\varkappa$ nach $\alpha_\varkappa$ in allen $p$ Beziehungen $2^0.)$ derselbe sein soll.

Die Aufgabe, aus $1^0)$ oder $2^0.)$ die Koordinaten $s_\varkappa$, $z_\varkappa$ der Punkte $\alpha_\varkappa (\varkappa = 1 \ldots p)$ als Funktionen von $v_2 \ldots v_p$ zu bestimmen, heifst das Jacobi'sche Umkehrproblem im engeren Sinne.*) Das Jacobi'sche Umkehrproblem im weiteren Sinne besteht in der Aufgabe, rationale, symmetrische Funktionen der Koordinaten $s_\varkappa$, $z_\varkappa$, die sogenannten Abel'schen Funktionen, durch die Konstanten $v_1 \ldots v_p$ darzustellen.

Auf den ersten Blick ist nicht ersichtlich, warum man nicht für $p > 1$, wie für $p = 1$, die obere Grenze eines Integrales $u$ als Funktion des Integralwertes $v$ bestimmen könnte. Setzt man aber ein solches Umkehrproblem

$$u^{a c} \equiv v$$

an, so ergeben sich die Koordinaten von $\alpha$ nicht mehr als eindeutige, sondern als unendlich vieldeutige Funktionen von $v$; und ähnliches würde gelten, so lange die Anzahl der zur Formulierung des Umkehrproblems benutzten Integrale $< p$ ist. Für den Beweis hiervon verweisen wir auf Jacobi l. c. und Clebsch-Gordan, Abel'sche Funktionen, pag. 130 ff. Siehe auch Baker: Abelian Functions, pag. 237 ff.

---

## § 2. Die Thetafunktion; Grundeigenschaften derselben.

In der Theorie der elliptischen Funktionen ($p = 1$) wird die Lösung des Umkehrproblems geleistet mit Hilfe gewisser, von Jacobi selbst eingeführter Funktionen, der

---

*) Jacobi, Ges. W. Bd. II. pag. 7 ff. u. 23 ff. od. Crelles Journal Bd. XIII. pag. 55.

vier sogenannten Jacobi'schen Thetafunktionen. Es sind das unendliche Reihen von der allgemeinen Form:

$$\sum_{m=-\infty}^{+\infty} e^{am^2+2bm+c},$$

die schon ihrer ausgezeichneten Eigenschaften wegen es verdienen, untersucht zu werden. Diese Reihen ermöglichen nicht nur die Lösung des Umkehrproblems im Falle $p=1$, sondern beherrschen auch, ihrer charakteristischen Eigenschaften wegen, die ganze weitere Theorie der elliptischen Funktionen.

Es lag daher sehr nahe, auch für ein allgemeines $p$ die Lösung des Umkehrproblems mit Hilfe einer geeigneten Verallgemeinerung der Jacobi'schen $\vartheta$-Reihe zu versuchen. Riemann hat diesen Versuch zuerst unternommen und auch durchgeführt. Die von ihm als Verallgemeinerung der Jacobi'schen $\vartheta$-Reihe eingeführte Reihe hat die Form

$$1^0.)\quad \sum_{m_1=-\infty}^{+\infty}\sum_{m_2=-\infty}^{+\infty}\cdots\sum_{m_p=-\infty}^{+\infty} e^{\sum\limits_{\mu=1}^{p}\sum\limits_{\nu=1}^{p} a_{\mu\nu}m_\mu m_\nu+2\sum\limits_{\mu=1}^{p} m_\mu v_\mu}$$

worin

$$2^0.)\quad a_{\mu\nu}=a_{\nu\mu}$$

ist, $m_1, m_2 \ldots m_p$ ganze Zahlen bedeuten, und $v_1, \ldots, v_\mu \ldots v_p$ unabhängig variabele Gröfsen sind.

Die Summe der Reihe $1^0.)$, falls diese Reihe konvergiert, bezeichnen wir mit

$$\vartheta\,(v_1, v_2, \ldots v_p), \text{ oder kurz } \vartheta\,((v)),$$

und nennen $\vartheta((v))$ eine $\vartheta$-Funktion mit den Moduln $a_{\mu\nu}$ und den Argumenten $v_1 \ldots v_p$. Setzen wir nun noch, mit Christoffel*), abkürzend:

$$3^0.)\quad \sum_{\mu=1}^{p}\sum_{\nu=1}^{p} a_{\mu\nu}\,m_\mu\,m_\nu=\Phi\,((m)),$$

*) Christoffel, Math. Annalen, Bd. 54, pag. 351.

so haben wir für $\vartheta((v))$ die Definitionsformel:

$$4^0.)\qquad \vartheta((v)) = \sum_{m_1 = \;\infty}^{+\infty} \sum_{m_p=-\infty}^{+\infty} e^{\Phi((m)) + 2\sum\limits_{\mu=1}^{p} m_\mu v_\nu}$$

Die erste Frage, die für die durch $1^0.)$ definierte $\vartheta$-Reihe zu erledigen ist, ist die Frage nach der Konvergenz dieser Reihe.

Denkt man sich $v_\mu$ und $\Phi((m))$ in ihre reellen und imaginären Bestandteile zerlegt:

$$v_\mu = \sigma_\mu + i\,.\,\tau_\mu\,, \qquad (\mu = 1, 2 \ldots p)$$
$$\Phi((m)) = \varphi((m)) + i\,.\,\psi((m))\,,$$

so heifst die $p$-fach unendliche Reihe

$$\Theta = \sum_{m_1=-\infty}^{+\infty} - \sum_{m_p=-\infty}^{+\infty} e^{\varphi((m)) + 2\sum\limits_{\mu=1}^{p} m_\mu\,.\,\sigma_\mu}$$

die Modulreihe von $1^0.)$. Nach Prinzipien aus der allgemeinen Funktionentheorie ist dann die Reihe $1^0.)$ konvergent, und zwar unabhängig von der Reihenfolge der Summationen, sobald die Modulreihe $\Theta$ konvergiert. Diese letztere Reihe mufs also auf ihre Konvergenz untersucht werden.

Von dem ersten Summanden $\varphi((m))$ im Exponenten des allgemeinen Gliedes von $\Theta$ haben wir (Theorie der algebr. Funktionen etc. § $21^0.)$ den Satz bewiesen: Sind die Moduln $a_{\mu\nu}$ die Periodizitätsmoduln der Riemann'schen Normalintegrale an den Querschnitten $b_1 \ldots b_p$, so ist $\varphi((m))$ eine vollständige, negative, quadratische Form, d. h. $\varphi((m))$ ist $< 0$, so lange es $\neq 0$ ist, und wird nur dann Null, wenn alle $m$ gleich 0 werden. Von den Gröfsen $m_1 \ldots m_p$ ist dabei für die Richtigkeit dieses Satzes nur das eine verlangt, dafs sie reelle (ganze oder gebrochene) Zahlen seien.

Jede reelle quadratische Form $\varphi((x))$ dieser Art unterscheidet sich also, so lange z. B.

$$\sum_{\mu=1}^{p} x_\mu^2 = 1$$

ist, von der Null immer um eine positive endliche Zahl $\alpha$, so dafs $\varphi((x)) < -\alpha$ ist.

Setzt man nun

$$x_\mu = \frac{m_\mu}{r},$$

wo

$$r^2 = \Sigma m_\mu^2$$

ist, so folgt: es ist

$$\varphi\left(\left(\frac{m}{r}\right)\right) < -\alpha,$$

oder

$$\varphi((m)) < -\alpha \,.\, \Sigma m_\mu^2,$$

und daher auch:

$$e^{\varphi((m))} < e^{-\alpha \Sigma m_\mu^2},$$

wo $\alpha > 0$ ist, und $m_1 \ldots m_p$ irgend welche reelle Zahlen bezeichnen, die nicht alle $= 0$ sind.

Wendet man das Vorhergehende auf die Modulreihe $\Theta$ an und setzt dabei, was von hier an immer angenommen sei, voraus, dafs die $a_{\mu\nu}$ die Periodizitätsmoduln der Normalintegrale an den Querschnitten $b_1 \ldots b_p$ sind, so erhält man:

$$\Theta < \sum_{m_1=-\infty}^{+\infty} \cdots \sum_{m_p=-\infty}^{+\infty} e^{-\alpha \Sigma m_\mu^2 + 2\Sigma m_\mu \sigma_\mu}.$$

Die rechte Seite dieser Ungleichheit ist das Produkt aus $p$ Reihen von der Form

$$\sum_{m=-\infty}^{+\infty} e^{-\alpha m^2 + 2m\sigma},$$

von denen jede konvergiert, sofern das entsprechende $\sigma$ nicht unendlich wird. Grenzen wir daher $\sigma_1 \ldots \sigma_p$ ein mit Hilfe der Ungleichheiten

$$-\omega_\mu < \sigma_\mu < +\omega_\mu \quad (\mu = 1, 2 \ldots p)$$

wo $\omega_1 \ldots \omega_p$ beliebige, endliche, ohne Unbestimmtheit angenommene positive Gröfsen sind, so konvergiert die Modulreihe $\Theta$. Wir haben also den

**Satz I°)** Die $p$-fache unendliche $\vartheta$-Reihe 1°), in welcher die Moduln $a_{\mu\nu} = a_{\mu\nu}$ die Periodizitätsmoduln der Normalintegrale I. Gattung an den Querschnitten $b_1 \quad b_p$ sind, konvergiert, und ihre Summe ist unabhängig von der Reihenfolge der Summationen, so lange die Argumente $v_1 \ldots v_\mu \ldots v_p$ $(v_\mu = \sigma_\mu + i\tau_\mu)$ einem durch die Ungleichheiten

$$-\omega_\mu < \sigma_\mu < +\omega_\mu \quad (\mu = 1, 2 \ldots p)$$

bestimmten Gröfsengebiete angehören, wo $a_1 \ldots a_p$ beliebig aber ohne Unbestimmtheit angenommene, positive, endliche Gröfsen sind.*)

Setzt man

$$e^{2v_1} = \varrho_1, \; e^{2v_2} = \varrho_2, \ldots e^{2v_p} = \varrho_p,$$

so geht die $\vartheta$-Reihe 1°) in eine $p$-fache Potenzreihe

$$\vartheta = \sum_{m_1=-\infty}^{+\infty} \quad \sum_{m_p=-\infty}^{+\infty} e^{\Phi((m))} \cdot \varrho_1^{m_1} \cdot \varrho_2^{m_2} \ldots \varrho_p^{m_p}$$

über, deren Konvergenzgebiet $G$ durch die Ungleichheiten

$$e^{-2\omega_\mu} < \operatorname{mod} \varrho_\mu < e^{2\omega_\mu}, \quad (\mu = 1, 2 \ldots p)$$

bestimmt ist. Nach der Lehre von den Potenzreihen ist daher $\vartheta$ innerhalb $G$ stetige Funktion von $\varrho_1 \ldots \varrho_p$, und da diese letztern wieder stetige Funktion von $v_1 \ldots v_p$ sind, so gilt der

**Satz II°)** Sind $a_{\mu\nu} = a_{\nu\mu}$ die Periodizitätsmoduln der $p$ Normalintegrale I. Gattung, so ist die durch die $p$-fach unendliche Reihe

---

*) Der obige, durch seine Einfachheit sich auszeichnende Konvergenzbeweis ist der Abhandlung von Christoffel: Vollständige Theorie der Riem. $\vartheta$-Funktion, Math. Annalen, Bd. 54 entnommen. Es liefse sich gegen ihn nur eines erinnern; der Beweis zeigt zwar, dafs die Bedingung, dafs $\varphi((m))$ eine vollständige, neg., quadratische Form sei, zur Konvergenz der Reihe ausreicht, nicht aber, dafs diese Bedingung auch eine notwendige ist. Eine Zusammenstellung von Konvergenzbeweisen findet man in der Abhandlung von Herrn Krazer, Matth. Ann. Bd. 49.

$$\sum_{m_1=-\infty}^{+\infty} \cdots \sum_{m_p=-\infty}^{+\infty} e^{\Phi((m)) + 2\sum_{\mu=1}^{p} m_\mu v_\mu}$$

definierte Funktion $\vartheta((v))$ der $p$ unabhängigen Variabeln $v_1 \ldots v_p$ einwertige und stetige Funktion dieser Variabeln, so lange dieselben endlich bleiben.

Wir leiten noch einige weitere Eigenschaften der $\vartheta$-Funktion ab.

Im Exponenten des allgemeinen Gliedes von $\vartheta((v))$ ist jedes Argument $v$ multipliziert mit einer geraden Zahl $2m$; vermehrt man also $v$ um ein ganzes Vielfaches $g\pi i$ von $\pi i$, so ändert das allgemeine Glied seinen Wert nicht. Es gilt daher die Beziehung:

$$5^0)\ \vartheta((v_\mu + g_\mu \pi i)) = \vartheta((v_\mu)),$$

wo $g_1 \ldots g_\mu \ldots g_p$ ganze Zahlen bedeuten, die auch zum Teil oder alle $= 0$ sein können.

Ersetzt man in der $\vartheta$-Reihe die ganzen Zahlen $m_1$ $m_\mu \ldots m_p$ durch

$$m_1 + h_1, \quad m_\mu + h_\mu, \ldots m_p + h_p,$$

so bleiben die Grenzen $\pm\infty$ der Summationen ungeändert, nur die Nullpunkte werden verlegt. Die neu entstehende Reihe

$$\sum_{m_1} \cdots \sum_{m_p} e^{\Phi((m+h)) + 2\sum_{\mu=1}^{p}(m_\mu + h_\mu) v_\mu}$$

unterscheidet sich daher von der ursprünglichen Reihe $\vartheta((v))$ nur durch die Reihenfolge der Summationen, besitzt also dieselbe Summe, wie $\vartheta((v))$.

Aus

$$\Phi((m+h)) = \sum_{\mu=1}^{p} \sum_{\nu=1}^{p} a_{\mu\nu}(m_\mu + h_\mu)(m_\nu + h_\nu)$$

$$= \Phi((m)) + 2\sum_{\mu=1}^{p} m_\mu \sum_{\nu=1}^{p} a_{\mu\nu} h_\nu + \Phi((h))$$

folgt daher

$$\vartheta((v)) =$$

$$\sum_{m_1}\cdots\sum_{m_p} e^{\Phi((h))+2\sum_\mu m_\mu \sum_\nu a_{\mu\nu}h_\nu + \Phi((m)) + 2\sum_\mu h_\mu v_\mu + 2\sum_\mu m_\mu v_\mu}$$

$$= e^{\Phi((h))+2\sum_\mu h_\mu v_\mu} \sum_{m_1}\cdots\sum_{m_p} e^{\Phi((m))+2\sum_\mu m_\mu\left[v_\mu + \sum_\nu a_{\mu\nu}h_\nu\right]},$$

oder

$$6^{\underset{.}{0}}) \quad \vartheta((v_\mu + \sum_\nu a_{\mu\nu}h_\nu)) = e^{-\Phi((h)) - 2\sum_\mu h_\mu v_\mu} . \vartheta((v_\mu)).$$

Setzt man hierin der Reihe nach jede der Zahlen $h_\nu$ gleich 1 und die übrigen gleich 0, so erhält man aus 6°) die $p$ speziellen Beziehungen:

$$6^0_a.) \quad (v_1 + a_{1\nu}, v_2 + a_{2\nu}, \ldots v_\mu + a_{\mu\nu}, \ldots v_p + a_{p\nu})$$

$$= e^{-a_{\nu\nu} - 2v_\nu} . \vartheta((v_\mu)), \qquad (\nu = 1, 2 \ldots p).$$

Aus 5°) und 6°) zusammengenommen ergiebt sich die allgemeinere Beziehung:

$$7^{\underset{.}{0}}) \quad \vartheta((v_\mu + (gh)_\mu)) = e^{-\Phi((h)) - 2\sum_{\mu=1}^{p} h_\mu v_\mu} . \vartheta((v_\mu)),$$

worin $(gh)_\mu$ eine Abkürzung ist für

$$8^{\underset{.}{0}}) \quad (gh)_\mu = g_\mu \pi i + a_{\mu 1} h_1 + a_{\mu 2} h_1 + \ldots + a_{\mu p} h_p,$$

und $g_\mu$, $h_\mu$ $(\mu = 1 \ldots p)$ beliebige ganze Zahlen bedeuten.

Ersetzt man in der $\vartheta$-Reihe jeden Summationsindex $m$ durch $-m$, so vertauschen sich nur die oberen und die unteren Grenzen der Summation; infolge der Unabhängigkeit der Reihensummen von der Anordnung der Summationen bleibt also $\vartheta((v_\mu))$ ungeändert. Andererseits wird durch das Ersetzen von $m$ durch $-m$ der erste Summand im Exponenten des allgemeinen Gliedes nicht geändert und nur der zweite Summand $2\sum m_\mu v_\mu$ wechselt sein Vorzeichen. Dieser Vorzeichenwechsel läſst sich aber auch dadurch herbeiführen, dafs man das Vorzeichen von $m$ ungeändert läfst und $v_\mu$ durch $-v_\mu$ ersetzt. Es gilt daher die Beziehung:

$$9^0)\qquad \vartheta(-v_1, -v_2, \ldots, -v_p) = \vartheta(v_1, v_2, \ldots, v_p);$$

dieselbe sagt aus, dafs die $\vartheta$-Funktion $\vartheta((v))$ eine gerade Funktion ihrer Argumente $v_1 \ldots v_p$ ist.

Aus $9^0$) folgt weiter durch partielle Differentiation:

$$10^0)\qquad \frac{\partial\vartheta(-v_1, -v_2, \ldots, -v_p)}{\partial v_i} = -\frac{\partial\vartheta(v_1, v_2, \ldots, v_p)}{\partial v_p}.$$

Die partiellen Derivierten I. Ordnung von $\vartheta$ nach den Argumenten $v_i$ $(i = 1 \ldots p)$ sind daher ungerade Funktionen dieser Argumente, müssen also für die Nullwerte dieser Argumente, d. h. für das Wertesystem $v_1 = v_2 = \ldots = v_p = 0$, verschwinden, da ein Unendlichwerden derselben für $v_1 = \ldots = v_p = 0$ mit der nachgewiesenen Stetigkeit von $\vartheta((v))$ unvereinbar ist.

---

## § 3. Thetafunktionen mit Charakteristiken.

In den Formeln $5^0$), $6^0$) und $7^0$) des vorigen Paragraphen bedeuteten $g_\mu, h_\mu$ $(\mu = 1 \ldots p)$ ganze Zahlen. Wir lassen nun diese Einschränkung für $g_\mu, h_\mu$ fallen und bilden mit den beliebig angenommenen Zahlen $g_\mu, h_\mu$ die $p$-fach unendliche Reihe:

$$\sum_{m_1=-\infty}^{+\infty} \cdots \sum_{m_p=-\infty}^{+\infty} e^{\Phi((m+h)) + 2\sum\limits_{\mu=1}^{p}(m_\mu + h_\mu)(v_\mu + g_\mu \pi i)},$$

die wir abkürzend mit

$$\vartheta\begin{bmatrix} h_1 \ldots h_p \\ g_1 \ldots g_p \end{bmatrix}((v_\mu)) \text{ oder } \vartheta\begin{bmatrix} h \\ g \end{bmatrix}((v_\mu))$$

bezeichnen, so dafs:

$$1^0)\qquad \vartheta\begin{bmatrix} h \\ g \end{bmatrix}((v_\mu)) =$$
$$\sum_{m_1=-\infty}^{+\infty} \cdots \sum_{m_p=-\infty}^{+\infty} e^{\Phi((m+h)) + 2\sum\limits_{\mu=1}^{p}(m_\mu + h_\mu)(v_\mu + g_\mu \pi i)}$$

ist. — Die durch 1°) definierte $\vartheta$-Funktion heifst eine $\vartheta$-Funktion mit der Charakteristik

$$2°)\qquad \begin{bmatrix} h_1 \dots h_p \\ g_1 \dots g_p \end{bmatrix} \text{ oder } \begin{bmatrix} h \\ g \end{bmatrix}.$$

Vergleicht man den Exponenten

$$\Phi((m+h)) + 2\sum_{\mu=1}^{p}(m_\mu + h_\mu)(v_\mu + g_\mu \pi i)$$
$$= \sum_\mu \sum_\nu a_{\mu\nu}(m_\mu + h_\mu)(m_\nu + h_\nu) + 2\sum_\mu m_\mu (v_\mu + g_\mu \pi i)$$
$$+ 2\sum_\mu h_\mu (v_\mu + g_\mu \varphi i)$$
$$= \Phi((m)) + 2\sum_\mu \sum_\nu a_{\mu\nu} m_\mu h_\nu + \Phi((h)) + 2\sum_\mu m_\mu (v_\mu + g_\mu \pi i)$$
$$+ 2\sum h_\mu (v_\mu + g_\mu \pi i)$$

des allgemeinen Gliedes in 1°) mit dem Exponenten

$$\Phi((m)) + 2\sum_{\mu=1}^{p} m_\mu (v_\mu + g_\mu \pi i + \sum_\nu a_{\mu\nu} h_\nu)$$
$$= \Phi((m)) + 2\sum_{\mu=1}^{p} m_\mu (v_\mu + g_\mu \pi i) + 2\sum_\mu \sum_\nu a_{\mu\nu} m_\mu h_\nu$$

des allgemeinen Gliedes von $\vartheta((v_\mu + (gh)_\mu))$, so ergiebt sich:

$$3°)\quad \vartheta\begin{bmatrix} h \\ g \end{bmatrix}((v_\mu)) = e^{\Phi((h)) + 2\sum\limits_{\mu=1}^{p} h_\mu (v_\mu + g_\mu \pi i)} \cdot \vartheta((v_\mu + (gh)_\mu)),$$

worin wieder: $\qquad (gh)_\mu = g_\mu \pi i + \sum_{\nu=1}^{p} a_{\mu\nu} h_\nu$ ist.

Die durch 1°) definierte Funktion $\vartheta\begin{bmatrix} h \\ g \end{bmatrix}((v_\mu))$ ist zufolge der vorigen Beziehung 3°), ebenso wie die ursprüngliche Funktion $\vartheta((v_\mu))$, für alle endlichen Werte von $v_1 \dots v_p$ stetige Funktion dieser Argumente. Weitere Eigenschaften von $\vartheta\begin{bmatrix} h \\ g \end{bmatrix}((v_\mu))$ ergeben sich wie folgt:

$\alpha^0$.) Ersetzt man in $1^0$.) die Summationsbuchstaben $m_1 \ldots m_p$ alle oder zum Teil durch $m_1 \pm h_1', \ldots m_p \pm h_p'$, wo $h_1' \ldots h_p'$ ganze Zahlen bedeuten, so werden nur die Nullpunkte der Summationen verschoben, während die Grenzen ungeändert bleiben; die Funktion $\vartheta\begin{bmatrix} h \\ g \end{bmatrix}((v_\mu))$ behält also ihren ursprünglichen Wert bei. Die Substitution $m_p \pm h_\mu$ für $m_\mu$ ist aber gleichbedeutend mit der Substitution $h_\mu \pm h_\mu'$ für $h_\mu$. Wir haben also die Beziehung:

$$4^0.)\qquad \vartheta\begin{bmatrix} h \pm h' \\ g \end{bmatrix}((v_\mu)) = \vartheta\begin{bmatrix} h \\ g \end{bmatrix}((v_\mu)).$$

$\beta^0$.) Ersetzt man in $1^0$.) $g_\mu$ durch $g_\mu \pm g_\mu'$, wo die $g_\mu'$ ganze Zahlen sind, so erhält man:

$$5^0.)\quad \vartheta\begin{bmatrix} h \\ g \pm g' \end{bmatrix}((v_\mu)) = e^{\pm 2\pi i \,.\, \sum\limits_\mu h_\mu g_\mu'} \,.\, \vartheta\begin{bmatrix} h \\ g \end{bmatrix}((v_\mu)).$$

Die Vereinigung von $4^0$.) und $5^0$.) liefert:

$$6^0.)\quad \vartheta\begin{bmatrix} h \pm h' \\ g \pm g' \end{bmatrix}((v_\mu)) = e^{\pm 2\pi i \,.\, \sum\limits_{\mu=1}^{p} h_\mu g_\mu'} \,.\, \vartheta\begin{bmatrix} h \\ y \end{bmatrix}((v_\mu)).$$

$\gamma^0$.) Bildet man mit den beliebigen Zahlen $G_\mu$, $H_\mu$ $(\mu = 1 \ldots p)$ den Ausdruck

$$(GH)_\mu = G_\mu \,.\, \pi i + \sum_{\nu=1}^{p} a_{\mu\nu} \,.\, H_\nu \qquad (\mu = 1, \ldots p)$$

und konstruiert die $\vartheta$-Reihe:

$$\vartheta\begin{bmatrix} h \\ g \end{bmatrix}((v_\mu \pm (GH)_\mu)) =$$

$$\sum_{m_1=-\infty}^{+\infty} \cdots \sum_{m_p=-\infty}^{+\infty} e^{\Phi((m+h)) + 2\sum\limits_{\mu=1}^{p}(m_\mu + h_\mu)(v_\mu + g_\mu \pi i \pm (GH)_\mu)}$$

so ist der Exponent des allgemeinen Gliedes dieser Reihe:

$$\Phi((m+h)) + 2\sum_{\mu=1}^{p}(m_\mu + h_\mu)(v_\mu + g_\mu \pi i \pm 2\sum_{\mu=1}^{p}(m_\mu + h_\mu)(GH)_\mu$$

$$= \Phi((m+h)) + 2\sum_{\mu=1}^{p}(m_\mu + h_\mu)(v_\mu + g_\mu \pi i)$$

$$\pm 2\sum_{\mu=1}^{p}(m_\mu + h_\mu)\, G_\mu \pi i \pm 2\sum_{\mu=1}^{p}(m_\mu + h_\mu)\sum_{\nu=1}^{p} a_{\mu\nu} H_\nu .$$

Vergleicht man hiermit den Exponenten des allgemeinen Gliedes von $\vartheta\begin{bmatrix} h \pm H \\ g \pm G \end{bmatrix}((v_\mu))$:

$$\Phi((m+h\pm H))+2\sum_{\mu=1}^{p}(m_\mu+h_\mu\pm H_\mu)(v_\mu+g_\mu\pi i\pm G_\mu\pi i)$$

$$=\sum_{\mu=1}^{p}\sum_{\nu=1}^{p}a_{\mu\nu}(m_\mu+h_\mu\pm H_\mu)(m_\nu+h_\nu\pm H_\nu)$$

$$+2\sum_{\mu=1}^{p}(m_\mu+h_\mu)(v_\mu+g_\mu\pi i)\pm 2\sum_{\mu=1}^{p}H_\mu(v_\mu+g_\mu\pi i)$$

$$\pm 2\sum_{\mu=1}^{p}(m_\mu+h_\mu)G_\mu\pi i+2\sum_{\mu=1}^{p}H_\mu G_\mu\pi i$$

$$=\sum_{\mu=1}^{p}\sum_{\nu=1}^{p}a_{\mu\nu}[(m_\mu+h_\mu)(m_\nu+h_\nu)\pm(m_\nu+h_\nu)H_\mu$$

$$\pm(m_\mu+h_\mu)H_\nu+H_\mu . H_\nu]+2\sum_{\mu=1}^{p}(m_\mu+h_\mu)(v_\mu+g_\mu\pi i)$$

$$\pm 2\pi i\sum_{\mu=1}^{p}(m_\mu+h_\mu)G_\mu\pm 2\sum_{\mu=1}^{p}H_\mu(v_\mu+g_\mu\pi i)$$

$$+2\pi i\sum_{\mu=1}^{p}H_\mu . G_\mu$$

$$=\Phi((m+h))\pm 2\sum_{\mu=1}^{p}\sum_{\nu=1}^{p}a_{\mu\nu}(m_\mu+h_\mu)H_\nu$$

$$+\Phi((H))+2\sum_{\mu=1}^{p}(m_\mu+h_\mu)(v_\mu+g_\mu\pi i)$$

$$\pm 2\pi i . \sum_{\mu=1}^{p}(m_\mu+h_\mu)G_\mu\pm 2\sum_{\mu=1}^{p}H_\mu . (v_\mu+g_\mu\pi i)$$

$$\pm 2\pi i\sum_{\mu=1}^{p}H_\mu . G_\mu ,$$

so erhält man die weitere Beziehung:

7.) $$\vartheta\begin{bmatrix} h \\ g \end{bmatrix}((v_\mu\pm(GH)_\mu))$$

$$=e^{-\Phi((H))\mp 2\sum\limits_{\mu=1}^{p}H_\mu . (v_\mu+g_\mu\pi i)-2\pi i\sum\limits_{\mu=1}^{p}HG} . \vartheta\begin{bmatrix} h\pm H \\ g\pm G \end{bmatrix}((v_\mu)).$$

Die auf der rechten Seite dieser Gleichung vorkommenden Charakteristiken

$$\begin{bmatrix} h+H \\ g+G \end{bmatrix} \text{ und } \begin{bmatrix} h-H \\ g-G \end{bmatrix}$$

heifsen die Summe resp. Differenz der zwei Charakteristiken

$$\begin{bmatrix} h \\ g \end{bmatrix} \text{ und } \begin{bmatrix} G \\ H \end{bmatrix}.$$

Sind $G_\mu$, $H_\mu$ ($\mu = 1, \dots p$) ganze Zahlen, so liefert 7.), zusammen mit 6.) die neue Beziehung:

$$8.)\quad \vartheta\begin{bmatrix} h \\ g \end{bmatrix}((v_\mu \pm (G\ H)_\mu))$$
$$= e^{-\Phi((H)) \mp 2 \sum\limits_{\mu=1}^{p} H_\mu v_\mu \mp 2\pi i \sum\limits_{\mu=1}^{p} (H_\mu g_\mu - h_\mu G_\mu)} \cdot \vartheta\begin{bmatrix} h \\ g \end{bmatrix}((v)),$$

aus der sich durch Spezialisierung der ganzen Zahlen $G_\mu$, $H_\mu$ noch weitere Formeln ableiten lassen.

Setzt man in 8.) alle Zahlen $G_\mu$, $H_\mu$ gleich 0, mit der Ausnahme, dafs einmal ein $G$, etwa $G_\varkappa = 1$, das andere Mal ein $H$, etwa $H_\varkappa = 1$ sei, so erhält man

$$9.)\quad \vartheta\begin{bmatrix} h \\ g \end{bmatrix}(v_1, \dots, v_\varkappa \pm \pi i, \dots v_p) = . e^{\pm 2\pi i . h_\varkappa} . \vartheta\begin{bmatrix} h \\ g \end{bmatrix}((v_\mu)),$$

$$10.)\quad \vartheta\begin{bmatrix} h \\ g \end{bmatrix}(v_1 \pm a_{1\varkappa}, \dots, v_p \pm a_{p\varkappa})$$
$$= e^{-a_{\varkappa\varkappa} \mp 2v_\varkappa \mp 2\pi i g_\varkappa} . \vartheta\begin{bmatrix} h \\ g \end{bmatrix}((v_\mu)).$$

Diese Formeln sind Verallgemeinerungen der Formeln 5.) und 6.a) des vorigen Paragraphen.

Berücksichtigt man schliefslich, dafs nach 9.) des vorigen Paragraphen

$$\vartheta((-v_\mu + (gh)_\mu)) = \vartheta((v_\mu - (gh)_\mu))$$

ist, so liefert die Formel 3.) dieses Paragraphen die Beziehung:

$$11.)\quad \vartheta\begin{bmatrix} h_1 h_2 \dots h_p \\ g_1 g_2 \dots g_p \end{bmatrix}((-v_\mu)) = \vartheta\begin{bmatrix} -h_1, -h_2, \dots -h_p \\ -g_1, -g_2, \dots -g_p \end{bmatrix}((v_\mu)).$$

Ebenso folgt aus 3°):

12°) $$\vartheta\begin{bmatrix}-h_1,-h_2,\ldots-h_p\\-g_1,-g_2,\ldots-g_p\end{bmatrix}((-v_\mu))=\vartheta\begin{bmatrix}h_1,h_2,\ldots h_p\\g_1,g_2,\ldots g_p\end{bmatrix}((v_\mu)).$$

Unter allen $\vartheta$-Funktionen mit Charakteristiken spielen die hervorragendste Rolle diejenigen, deren Charakteristik von der Form

$$\begin{bmatrix}\frac{h_1}{2},\frac{h_2}{2},\ldots\frac{h_p}{2}\\[1ex]\frac{g_1}{2},\frac{g_2}{2},\ldots\frac{g_p}{2}\end{bmatrix}$$

ist, wo die $g$ und $h$ ganze Zahlen bedeuten. Man nennt sie $\vartheta$-Funktionen mit zweiteiliger Charakteristik. Wegen ihrer Bedeutung für das Folgende, namentlich für die Lösung des Umkehrproblems, behandeln wir sie etwas eingehender.

Zunächst ergiebt sich aus 4°) und 5°) dieses Paragraphen, wenn man $h$ und $g$ durch $\frac{h}{2}$ und $\frac{g}{2}$ ersetzt und alle Gröſsen $h'$, $g'$ gleich 1 annimmt:

13°) $$\vartheta\begin{bmatrix}\frac{h}{2}\pm1\\[1ex]\frac{g}{2}\end{bmatrix}((v_\mu))=\vartheta\begin{bmatrix}\frac{h}{2}\\[1ex]\frac{g}{2}\end{bmatrix}((v_\mu)),$$

14°) $$\vartheta\begin{bmatrix}\frac{h}{2}\\[1ex]\frac{g}{2}\pm1\end{bmatrix}((v_\mu))=(-1)^{\sum\limits_{\mu=1}^{p}h_\mu}\cdot\vartheta\begin{bmatrix}\frac{h}{2}\\[1ex]\frac{g}{2}\end{bmatrix}((v_\mu)).$$

Unter der Voraussetzung ganzer $h', g'$ liefert ebenso die Formel 6°):

15°) $$\vartheta\begin{bmatrix}\frac{h}{2}\pm h'\\[1ex]\frac{g}{2}\pm g'\end{bmatrix}((v_\mu))=(-1)^{\sum\limits_{\mu=1}^{p}h_\mu g'_\mu}\,\vartheta\begin{bmatrix}\frac{h}{2}\\[1ex]\frac{g}{2}\end{bmatrix}((v_\mu)).$$

Der Übersichtlichkeit halber ändern wir etwas unsere Schreibweise, indem wir von hier an in der Charakteristik den gemeinsamen Nenner 2 weglassen. Es ist dann:

16°.) $$\vartheta\begin{bmatrix} h \\ g \end{bmatrix}((v_\mu)) =$$

$$\sum_{m_1=-\infty}^{+\infty} \cdots \sum_{m_p=-\infty}^{+\infty} e^{\sum\limits_{\mu=1}^{p}\sum\limits_{\nu=1}^{p} a_{\mu\nu}\left(m_\mu+\frac{h_\mu}{2}\right)\left(m_\nu+\frac{h_\nu}{2}\right)+2\sum\limits_{\mu=1}^{p}\left(m_\mu+\frac{h_\mu}{2}\right)\left(v_\mu+\frac{g_\mu}{2}\pi i\right)},$$

und die Formeln 13°.), 14°.) und 15°.) gehen über in:

13°a.) $$\vartheta\begin{bmatrix} h\pm 2 \\ g \end{bmatrix}((v_\mu)) = \vartheta\begin{bmatrix} h \\ g \end{bmatrix}((v_\mu)),$$

14°a.) $$\vartheta\begin{bmatrix} h \\ g\pm 2 \end{bmatrix}((v_\mu)) = (-1)^{\sum\limits_{\mu=1}^{p} h_\mu} \cdot \vartheta\begin{bmatrix} h \\ g \end{bmatrix}((v_\mu)),$$

15°a.) $$\vartheta\begin{bmatrix} h\pm 2h' \\ g\pm 2g' \end{bmatrix}((v_\mu)) = (-1)^{\sum\limits_{\mu=1}^{p} h_\mu g'_\mu} \cdot \vartheta\begin{bmatrix} h \\ g \end{bmatrix}((v_\mu)).$$

Die Formeln 13°a.) und 14°a.) zusammen, oder 15°a.) allein, zeigen, daſs man die verschiedenen möglichen Funktionen $\vartheta\begin{bmatrix} h \\ g \end{bmatrix}((v_\mu))$ erhält, wenn man in der Charakteristik die Elemente $h$, $g$ durch ihre Reste modulo 2 (d. h. durch die Werte 0 nnd 1) ersetzt, und alle Variationen der Elemente 0 und 1 zur $p^{\text{ten}}$ Ordnung mit Wiederholung bildet. Dies giebt den

**Satz I°.)** Die Anzahl aller wesentlich verschiedenen $p$-fach unendlich $\vartheta$-Funktionen mit zweiteiliger Charakteristik beträgt $2^{2p}$.

Aus 3°.) folgt weiter:

17°.) $$\vartheta\begin{bmatrix} h \\ g \end{bmatrix}((v_\mu)) = e^{\Phi\left(\left(\frac{h}{2}\right)\right)+\frac{\pi i}{2}\sum\limits_{\mu=1}^{p} g_\mu h_\mu+\sum\limits_{\mu=1}^{p} h_\mu v_\mu}$$
$$\cdot\,\vartheta\left(\left(v_\mu+\frac{1}{2}(gh)_\mu\right)\right)$$

Ebenso gelten folgende 2 Beziehungen, deren Beweis wir dem Leser überlassen:

$$18^0)\ \vartheta\begin{bmatrix} h+H \\ g+G \end{bmatrix}((v_\mu)) = e^{\frac{\pi i}{2}\sum_\mu H_\mu(g_\mu+G_\mu)+\Phi\left(\left(\frac{h}{2}\right)\right)+\sum_\mu H_\mu . v_\mu} \cdot \vartheta\begin{bmatrix} h \\ g \end{bmatrix}((v_\mu + \tfrac{1}{2}(GH)_\mu)),$$

$$18\,a^0)\ \vartheta\begin{bmatrix} h+H \\ g+G \end{bmatrix}((o)) = e^{\frac{\pi i}{2}\sum_\mu H_\mu(g_\mu+G_\mu)+\Phi\left(\left(\frac{h}{2}\right)\right)} \cdot \vartheta\begin{bmatrix} h \\ g \end{bmatrix}\left(\left(\tfrac{1}{2}(GH)_\mu\right)\right).$$

Die Formeln 8⁰), 9⁰) und 10⁰) liefern endlich:

$$19^0)\ \vartheta\begin{bmatrix} h \\ g \end{bmatrix}((v_\mu + (GH)_\mu)) = (-1)^{\sum_\mu (h_\mu G_\mu + H_\mu g_\mu)} \cdot \vartheta\begin{bmatrix} h \\ g \end{bmatrix}((v_\mu)) \,.\, e^{-\Phi((H)) - 2\sum_\mu H_\mu v_\mu}.$$

$$20^0)\ \vartheta\begin{bmatrix} h \\ g \end{bmatrix}\left(\left(v_\mu + \binom{\varkappa}{\mu}\pi i\right)\right) = (-1)^{h_\varkappa}\ \vartheta\begin{bmatrix} h \\ g \end{bmatrix}((v_\mu)),$$

$$\left(\binom{\varkappa}{\mu} = 0, \text{ od. } 1 \text{ je nachdem } \varkappa \neq \mu, \text{ od. } \varkappa = \mu\right).$$

$$21^0)\ \vartheta\begin{bmatrix} h \\ g \end{bmatrix}((v_\mu + a_{\mu\varkappa})) = (-1)^{g_\varkappa} \,.\, \vartheta\begin{bmatrix} h \\ g \end{bmatrix}((v_\mu)) \,.\, e^{-a_{\varkappa\varkappa} - 2v_\varkappa}.$$

Berücksichtigt man zum Schlufs, dafs nach 15a⁰):

$$\vartheta\begin{bmatrix} -h \\ -g \end{bmatrix}((-v_\mu)) = \vartheta\begin{bmatrix} h-2h \\ g-2g \end{bmatrix}((-v_\mu)) = (-1)^{\sum_\mu h_\mu g_\mu}\ \vartheta\begin{bmatrix} h \\ g \end{bmatrix}((-v_\mu))$$

ist, so ergiebt sich mit Anwendung von 12⁰) die wichtige Beziehung:

$$22^0)\ \vartheta\begin{bmatrix} h \\ g \end{bmatrix}((-v_\mu)) = (-1)^{\sum_{\mu=1}^{p} h_\mu g_\mu} \,.\, \vartheta\begin{bmatrix} h \\ g \end{bmatrix}((v_\mu)).$$

Dieselbe liefert den

**Satz II*)** Die $\vartheta$-Funktion mit der zweiteiligen Charakteristik $\begin{bmatrix} h \\ g \end{bmatrix}$ ist eine gerade oder eine ungerade Funktion ihrer Argumente $v_\mu$ $(\mu = 1 \quad p)$, je nachdem

$$\sum_{\mu=1}^{p} h_\mu g_\mu \equiv 0 \pmod{2},$$

$$\text{oder } \sum_{\mu=1}^{p} h_\mu g_\mu \equiv 1 \pmod{2} \text{ ist.}$$

Dementsprechend nennen wir die Charakteristik $\begin{bmatrix} h \\ g \end{bmatrix}$ im ersten Falle gerade, im zweiten Falle ungerade. — Weiter gilt der

**Satz III*)** Die Anzahl $g_p$ der wesentlich verschiedenen geraden $\vartheta$-Funktionen oder zweiteiligen Charakteristiken ist $g_p = 2^{p-1}(2^p + 1)$, die Zahl $u_p$ der ungeraden ist $u_p = 2^{p-1}(2^p - 1)$.

Beweis: Die erste Kolonne einer jeden Charakteristik ist

$$\begin{matrix} 0 \\ 0 \end{matrix}, \text{ oder } \begin{matrix} 1 \\ 0 \end{matrix}, \text{ oder } \begin{matrix} 0 \\ 1 \end{matrix}, \text{ oder } \begin{matrix} 1 \\ 1 \end{matrix}.$$

Setzt man eine der drei ersten Kolonnen einer gegebenen Charakteristik vor, so ändert sie den Charakter derselben (als einer geraden oder ungeraden) nicht. Die 4. Kolonne dagegen ändert den Charakter derselben. Es ist also:

$$g_p = 3 g_{p-1} + u_{p-1},$$
$$u_p = 3 u_{p-1} + g_{p-1}.$$

Hieraus folgt:

$$g_p + u_p = 4 (g_{p-1} + u_{p-1}),$$
$$g_p - u_p = 2 (g_{p-1} - u_{p-1}).$$

Wendet man diese Gleichungen der Reihe nach an auf $g_{p-1} + u_{p-1}$, $g_{p-1} - u_{p-1}$, $g_2 + u_2$, $g_2 - u_2$, so erhält man

$$g_p + u_p = 4^{p-1}(g_1 + u_1),$$
$$g_p - u_p = 2^{p-1}(g_1 + u_1).$$

Da $g_1 = 3$, $u_1 = 1$ ist, so ergiebt sich schliefslich:

$$g_p + u_p = 4^p, \quad g_p - u_p = 2^p,$$

oder

$$g_p = 2^{p-1}(2^p + 1), \quad u_p = 2^{p-1}(2^p - 1), \quad \text{w. z. b. w.}$$

Von der Gesamtheit der $2^{2p}$ $\vartheta$-Funktionen mit zweiteiliger Charakteristik gilt noch der

**Satz IV°)** Die $2^{2p}$ verschiedenen $\vartheta$-Funktionen mit zweiteiliger Charakteristik sind linear unabhängig.

Bezüglich des Beweises verweisen wir auf: Frobenius, Crelle, Bd. 89, pag. 200.

Setzt man in einer ungeraden $\vartheta$-Funktion mit der zweiteiligen Charakteristik $\begin{bmatrix} h \\ g \end{bmatrix}$ alle Argumente $v_\mu$ gleich 0, so ist nach Satz II°) dieses Paragraphen:

$$\vartheta\begin{bmatrix} h \\ g \end{bmatrix}((0)) = (-1) \quad \vartheta\begin{bmatrix} h \\ g \end{bmatrix}((0)),$$

und daher:

$$\vartheta\begin{bmatrix} h \\ g \end{bmatrix}((0)) = 0.$$

Jede ungerade $\vartheta$-Funktion mit der zweiteiligen Charakteristik $\begin{bmatrix} h \\ g \end{bmatrix}$ verschwindet also für die Nullwerte der Argumente.

Setzt man in 17°) alle Argumente $v_\mu = 0$, so ergiebt sich analog:

Ist die Charakteristik $\begin{bmatrix} h \\ g \end{bmatrix}$ ungerade, so ist $\vartheta\left(\left(\frac{1}{2}(gh)_\mu\right)\right) = 0$, d. h. die Funktion $\vartheta((v))$ verschwindet für jedes halbe Periodensystem $\frac{1}{2}(gh)_\mu$.

Ebenso folgt aus 18a°), dafs wenn $\begin{bmatrix} h+H \\ g+G \end{bmatrix}$ eine ungerade Charakteristik ist, die Funktion $\vartheta\begin{bmatrix} h \\ g \end{bmatrix}\left(\left(\frac{1}{2}(GH)_\mu\right)\right)$ verschwindet.

Fassen wir diese Resultate zusammen, so haben wir den

**Satz V.)** Jede $\vartheta$-Funktion $\vartheta\begin{bmatrix}h\\g\end{bmatrix}((v_\mu))$ mit der zweiteiligen, ungeraden Charakteristik $\begin{bmatrix}h\\g\end{bmatrix}$ verschwindet für die Nullwerte ihrer Argumente; die gewöhnliche $\vartheta$-Funktion $\vartheta((v_\mu))$ verschwindet für jedes halbe Periodensystem

$$\frac{1}{2}(gh)_\mu = \frac{1}{2} g_\mu \pi i + \frac{1}{2} \sum_{\nu=1}^{p} a_{\mu\nu} h_\nu,$$

wenn die Charakteristik $\begin{bmatrix}h\\g\end{bmatrix}$ ungerade ist, und allgemein verschwindet $\vartheta\begin{bmatrix}h\\g\end{bmatrix}((v_\mu))$ für jedes halbe Periodensystem

$$\frac{1}{2}(GH)_\mu = \frac{1}{2} G_\mu . \pi i + \frac{1}{2} . \sum_{\nu=1}^{p} a_{\mu\nu} H_\nu,$$

wenn die Summe $\begin{bmatrix}h+H\\g+G\end{bmatrix}$ der zwei Charakteristiken $\begin{bmatrix}h\\g\end{bmatrix}$ und $\begin{bmatrix}H\\G\end{bmatrix}$ ungerade ist.

---

## § 4. Die Riemann'sche $\vartheta$-Funktion.

Wir kehren jetzt zu unserer ursprünglichen $p$-fach unendlichen $\vartheta$-Reihe

$$1.)\quad \vartheta((v_\mu)) = \sum_{m_1=-\infty}^{+\infty} \cdots \sum_{m_p=-\infty}^{+\infty} e^{\sum\limits_{\mu=1}^{p} \sum\limits_{\nu=1}^{p} a_{\mu\nu} m_\mu w_\nu + 2 \sum\limits_{\mu=1}^{p} m_\mu v_\mu}$$

mit den Modulen $a_{\mu\nu} = a_{\nu\mu}$ zurück. Die Summe dieser Reihe ist für endliche Werte der $v$ stetig und genügt den Bedingungen:

$$2.)\quad \vartheta((v_\mu + g_\mu \pi i)) = \vartheta((v_\mu)),$$

$$3.)\quad \vartheta((v_\mu + a_{\mu\nu})) = e^{-a_{\nu\nu} - 2v_\nu} . \vartheta((v_\mu)).$$

In diese Reihe substituieren wir nun, um sie zum Umkehrproblem in Beziehung zu bringen, für $v_\mu$ die Funktion $u_\mu - e_\mu$, wo $u_\mu$ das Normalintegral I. Gattung mit den Periodizitätsmodulen $\binom{\nu}{\mu}\pi i$, $a_{\mu\nu}$ an $a_\nu$, $b_\nu$, und $e_\mu$ eine willkürliche Konstante bedeutet. Die Funktion $\vartheta((v_\mu))$ geht dann über in die **Riemann'sche $\vartheta$-Funktion**

$$4^0) \qquad \vartheta((u_\mu - e_\mu)).$$

Die $p$-Argumente $u_1 - e_1, \ldots u_p - e_p$ dieser Funktion sind Funktionen der einen Variabeln $z$; es läfst sich also auch $\vartheta((u_\mu - e_\mu))$ als Funktion der einen Variabeln $z$, d. h. des Ortes in der einfach zusammenhängenden Fläche $T'$, ansehen. Als solche aufgefafst, gilt für sie, da die $u_\mu$ in $T'$ eindeutig und überall stetig sind, der fundamentale

**Satz I$^0$)** Die Riemann'sche $\vartheta$-Funktion

$$\vartheta((u_\mu - e_\mu))$$

ist innerhalb der einfach zusammenhängenden Fläche $T'$ überall eindeutig und stetig.

Aus den Beziehungen $2^0$) und $3^0$) ergiebt sich ferner:

**Satz II$^0$)** Längs der Begrenzung von $T$ ist $\vartheta((u_\mu - e_\mu))$ unstetig, und zwar ist:

$$5^0) \begin{cases} \text{an } a_\lambda \text{ und } c_\lambda\text{:} & \overset{+}{\vartheta}((u_\mu - e_\mu)) = \overset{-}{\vartheta}((u_\mu - e_\mu)), \\ \text{an } b_\lambda\text{:} & \overset{+}{\vartheta}((u_\mu - e_\mu)) = e^{-a_{\lambda\lambda} - 2u_\lambda + 2e_\lambda} \cdot \overset{-}{\vartheta}((u_\mu - e_\mu)). \end{cases}$$

Die willkürlichen Konstanten $e_1 \ldots e_\mu \ldots e_p$, die in den Reihenausdruck der Riemann'schen $\vartheta$-Funktion eingehen, heifsen die Parameter der $\vartheta$-Funktion. Für dieselben gilt der

**Satz III$^0$)** Es giebt stets Werte der Parameter $e_1 \ldots e_p$, für welche die Summe der mit ihnen gebildeten Riemann'schen $\vartheta$-Reihe $\vartheta((u_\mu - e_\mu))$, als Funktion von $z$ betrachtet, nicht identisch verschwindet.

Beweis: Bezeichnet $\alpha$ irgend einen festen Punkt von $T'$ und setzt man

$$u_\mu(\alpha) - e_\mu = v_\mu\,, \quad \text{d. h.} \quad u_\mu(o) - e_\mu = u_\mu(o) - u_\mu(\alpha) + v_\mu\,,$$

so wird

$$\vartheta((u_\mu - e_\mu)) = \vartheta((u_\mu(o) - u_\mu(\alpha) + v_\mu))\,.$$

Läfst man hierin den variablen Punkt $o\,(s, z)$ mit dem festen Punkte $\alpha$ zusammenfallen, so geht $\vartheta((u_\mu(o) - e_\mu))$ in die frühere $\vartheta$-Reihe mit den unabhängigen Variabeln $v_1 \ldots v_p$ über, die als Summe einer Potenzreihe nicht identisch Null ist. —

In den nächstfolgenden Entwickelungen denken wir uns die Parameter $e_1 \ldots e_p$ so gewählt, dafs $\vartheta((u_\mu - e_\mu))$ als Funktion von $z$ nicht identisch, d. h. für jeden Wert von $z$, verschwindet.

Unter dieser Voraussetzung ist $\vartheta((u_\mu - e_\mu))$ innerhalb $T'$ einwertige und stetige Funktion von $z$, kann also nirgends zu einer unendlich hohen Ordnung Null werden. Wird es in $T'$ überhaupt Null, so ist, nach einem Cauchy'schen Satze über einwertige Funktionen, die Summe $S$ der Ordnungen, zu denen es in $T'$ Null wird:

$$S = \frac{1}{2\pi i}\int_{(T')} d\log\vartheta((u_\mu - e_\mu))\,,$$

die Integration in positiver Richtung über die ganze Begrenzung von $T'$ erstreckt gedacht.

Es ist nun, wenn wir eine schon früher benutzte Bezeichnung wieder anwenden (Fig. 1)

$$S = \frac{1}{2\pi i}\sum_{\lambda=1}^{p}\left\{\int\left|\begin{matrix}\alpha\\ a\\ \beta\end{matrix}\right|_\lambda (d\log\overset{+}{\vartheta} - d\log\overset{-}{\vartheta})\right.$$

$$\left. + \int\left|\begin{matrix}\gamma\\ b\\ \beta\end{matrix}\right|_\lambda (d\log\overset{-}{\vartheta} - d\log\overset{+}{\vartheta}) + \int\left|\begin{matrix}\delta\\ c\\ \omega\end{matrix}\right|_\lambda (d\log\overset{-}{\vartheta} - d\log\overset{+}{\vartheta})\right\}.$$

Nach Satz II$^{0}$) ist aber

an $c_\lambda$: $\overset{+}{\vartheta} = \overset{-}{\vartheta}$, $d\log\overset{+}{\vartheta} = d\log\overset{-}{\vartheta}$,

an $a_\lambda$: $\overset{+}{\vartheta} = \overset{-}{\vartheta}$, $\log\overset{+}{\vartheta} = \log\overset{-}{\vartheta} - 2\pi i h_\lambda$, wo $h_\lambda$ eine ganze Zahl ist;

$$d\log\overset{+}{\vartheta} = d\log\overset{-}{\vartheta}.$$

an $b_\lambda$: $\log\overset{+}{\vartheta} = \log\overset{-}{\vartheta} + 2g_\lambda \pi i - a_{\lambda\lambda} - 2\overset{-}{u}_\lambda(o) + 2e_\lambda$,

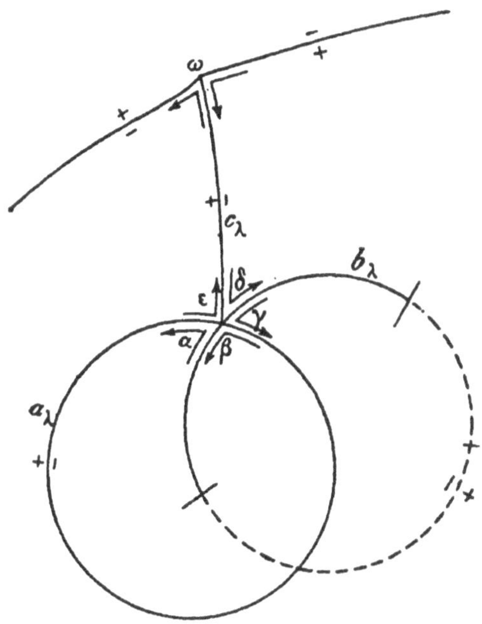


Fig. 1.

wo $g_\lambda$ ebenfalls eine ganze Zahl bezeichnet, die, wie $h_\lambda$, von der Anordnung des Querschnittsystems abhängt:

$$d\log\overset{+}{\vartheta} = d\log\overset{-}{\vartheta} - 2d\overset{-}{u}_\lambda(o).$$

Durch Einsetzen ergiebt sich daher:

$$S = \frac{1}{2\pi i}\sum_{\lambda=1}^{p}\int\left|\begin{matrix}\gamma\\ b\\ \beta\end{matrix}\right|_\lambda 2d\overset{-}{u}_\lambda(o).$$

Berücksichtigt man weiter, daſs $\int\left|\begin{matrix}\gamma\\ b\\ \beta\end{matrix}\right|_{\lambda} d\bar{u}_{\lambda}$ gleich dem Periodizitätsmodul $\pi i$ des Normalintegrals I. Gattung $u_{\lambda}$ am Querschnitte $a_{\lambda}$ ist, so erhält man schlieſslich:

$$S = \frac{1}{2\pi i} \cdot p \cdot 2\pi i = p\,.$$

Es gilt daher der

**Satz IV°.)** Ist die mit den Parametern $e_1 \ldots e_p$ gebildete Riemann'sche $\vartheta$-Funktion $\vartheta((u_{\mu} - e_{\mu}))$ als Funktion von $z$ nicht identisch Null, so besitzt sie in der einfach zusammenhängenden Fläche $T'$ genau $p$ getrennt oder vereinigt liegende Nullpunkte 1. Ordnung.

Um den Zusammenhang zwischen den Parametern $e_1 \ldots e_p$ und den Nullpunkten der durch sie bestimmten $\vartheta$-Funktion näher zu untersuchen, bilden wir das Integral

$$J = \int_{(T')} u_{\mu}(o) \cdot \frac{d\log\vartheta}{dz} \cdot dz\,,$$

die Integration in positiver Richtung über die ganze Begrenzung von $T'$ erstreckt gedacht. — Es ist nun:

$$J = \sum_{\lambda=1}^{p} \left\{ \int\left|\begin{matrix}\alpha\\ a\\ \beta\end{matrix}\right|_{\lambda} (\overset{+}{u}_{\mu} \,.\, d\log\overset{+}{\vartheta} - \overset{-}{u}_{\mu} d\log\overset{-}{\vartheta}) \right.$$

$$\left. + \int\left|\begin{matrix}\gamma\\ b\\ \beta\end{matrix}\right|_{\lambda} (\overset{-}{u}_{\mu} d\log\overset{-}{\vartheta} - \overset{+}{u}_{\mu} \,.\, d\log\overset{+}{\vartheta}) + \int\left|\begin{matrix}\delta\\ e\\ \omega\end{matrix}\right|_{\lambda} (\overset{-}{u}_{\mu} d\log\overset{-}{\vartheta} - \overset{+}{u}_{\mu} d\log\overset{+}{\vartheta}) \right\}.$$

Wir berechnen diese Summe gliedweise.

An $c_{\lambda}$ ist: $\overset{+}{u}_{\mu} = \overset{-}{u}_{\mu}$, $d\log\overset{+}{\vartheta} = d\log\overset{-}{\vartheta}$, und daher

$$\int\left|\begin{matrix}\delta\\ c\\ \omega\end{matrix}\right|_{\lambda} (\overset{-}{u}_{\mu} \,.\, d\log\overset{-}{\vartheta} - \overset{+}{u}_{\mu} \,.\, d\log\overset{+}{\vartheta}) = 0, \text{ für } \lambda = 1, 2 \ldots p\,.$$

$$\text{An } a_\lambda \text{ ist: } \overset{+}{u}_\mu - \overset{-}{u}_\mu = \binom{\lambda}{\mu} \pi i,$$

$$d \log \overset{+}{\vartheta} = d \log \overset{-}{\vartheta},$$

$$\overset{+}{u}_\mu d \log \overset{+}{\vartheta} - \overset{-}{u}_\mu \,.\, d \log \overset{-}{\vartheta} = \binom{\lambda}{\mu} \pi i \,.\, d \log \vartheta .$$

Von den $p$ Gliedern der Summe

$$\sum_\lambda \int \left| \begin{matrix} \alpha \\ a \\ \beta \end{matrix} \right|_\lambda (\overset{+}{u}_\mu \,.\, d \log \overset{+}{\vartheta} - \overset{-}{u}_\mu \,.\, d \log \overset{-}{\vartheta})$$

haben also alle den Wert 0, mit Ausnahme des Gliedes, für welches $\lambda = \mu$ ist, d. h. es ist:

$$\sum_{\lambda=1}^{p} \int \left| \begin{matrix} \alpha \\ a \\ \beta \end{matrix} \right|_\lambda (\overset{+}{u}_\mu \,.\, d \log \overset{+}{\vartheta} - \overset{-}{u}_\mu \,.\, d \log \overset{-}{\vartheta}) = \pi i \,.\int \left| \begin{matrix} \alpha \\ a \\ \beta \end{matrix} \right|_\mu d \log \vartheta$$

$$= \pi i [(\log \vartheta)_{\alpha_\mu} - (\log \vartheta\,(_{\beta_\mu}] = \pi i (2 g_\mu \pi i - a_{\mu\mu} - 2 u_\mu(\beta_\mu) + 2 e_\mu).$$

Ferner ist:

$$\text{an} \qquad b_\lambda\colon \overset{+}{u}_\mu - \overset{-}{u}_\mu = a_{\mu\lambda},$$

$$d \log \overset{+}{\vartheta} - d \log \overset{-}{\vartheta} = -2 d u_\lambda(o),$$

$$\overset{-}{u}_\mu . d \log \overset{-}{\vartheta} - \overset{+}{u}_\mu d \log \overset{+}{\vartheta} = \overset{-}{u}_\mu . d \log \overset{-}{\vartheta} - \overset{+}{u}_\mu (d \log \overset{-}{\vartheta} - 2 d u_\lambda(o))$$

$$= 2 \overset{+}{u}_\mu d u_\lambda(o) - (\overset{+}{u}_\mu - \overset{-}{u}_\mu) d \log \overset{-}{\vartheta} = 2 \overset{+}{u}_\mu d u_\lambda - a_{\mu\lambda} . d \log \overset{-}{\vartheta},$$

und daher:

$$\int \left| \begin{matrix} \gamma \\ b \\ \beta \end{matrix} \right|_\lambda (\overset{-}{u}_\mu d \log \overset{-}{\vartheta} - \overset{+}{u}_\mu d \log \overset{+}{\vartheta}) = 2 \int \left| \begin{matrix} \gamma \\ b \\ \beta \end{matrix} \right|_\lambda \overset{+}{u}_\mu d u_\lambda - a_{\mu\lambda} \int \left| \begin{matrix} \gamma \\ b \\ \beta \end{matrix} \right|_\lambda d \log \overset{-}{\vartheta}$$

$$= 2 \int \left| \begin{matrix} \gamma \\ b \\ \beta \end{matrix} \right|_\lambda \overset{+}{u}_\mu \,.\, d u_\lambda + 2 \pi i h_\lambda \,.\, a_{\mu\lambda},$$

wo $h_\lambda$ eine ganze Zahl bezeichnet. — Durch Einsetzen der auf die Querschnitte $a_\lambda$, $b_\lambda$, $c_\lambda$ sich beziehenden Summen erhält man für $J$:

$$\begin{aligned} J &= \pi i\,(2 g_\mu \pi i - a_{\mu\mu} - 2 u_\mu(\beta_\mu) + 2 e_\mu) \\ &\quad + 2\pi i \sum_{\lambda=1}^{p} h_\lambda a_{\mu\lambda} + \sum_{\lambda=1}^{p} 2 \int \left|\begin{matrix}\gamma\\ b\\ \beta\end{matrix}\right|_\lambda \overset{+}{u_\mu} \,.\, du_\lambda \\ &= 2\pi i (gh)_\mu + 2\pi i \,.\, e_\mu \\ &\quad + 2 \sum_{\lambda=1}^{p} \int \left|\begin{matrix}\gamma\\ b\\ \beta\end{matrix}\right|_\lambda \overset{+}{u_\mu} \,.\, du_\lambda - \pi i (a_{\mu\mu} + 2 u_\mu(\beta_\mu)). \end{aligned}$$

Die rechts noch vorkommende Integralsumme zerlegen wir in

$$2 \int \left|\begin{matrix}\gamma\\ b\\ \beta\end{matrix}\right|_\mu \overset{+}{u_\mu} \,.\, du_\mu + \sum_{\lambda \neq \mu} 2 \int \left|\begin{matrix}\lambda\\ b\\ \beta\end{matrix}\right|_\lambda \overset{+}{u_\mu} \,.\, du_\lambda ,$$

wo der erste Summand sich berechnen läfst. Es ist nämlich:

$$\begin{aligned} \int \left|\begin{matrix}\gamma\\ b\\ \beta\end{matrix}\right|_\mu 2 \overset{+}{u_\mu} du_\mu &= \int \left|\begin{matrix}\varepsilon\\ b\\ \alpha\end{matrix}\right| 2 u_\mu du_\mu = (u_\mu(\varepsilon_\mu))^2 - (u_\mu(\alpha_\mu))^2 \\ &= (u_\mu(\varepsilon_\mu) - u_\mu(\alpha_\mu)) \,.\, (u_\mu(\varepsilon_\mu) + u_\mu(\alpha_\mu)) = \pi i \,.\, (\pi i + 2 u_\mu(\alpha_\mu)). \end{aligned}$$

Für $J$ ergiebt sich so der Ausdruck:

$$\begin{aligned} J &= 2\pi i (gh)_\mu + 2\pi i . e_\mu + (\pi i)^2 - \pi i \,.\, a_{\mu\mu} \\ &\quad + 2\pi i (u_\mu(\alpha_\mu) - u_\mu(\beta_\mu)) + 2 \sum_{\lambda \neq \mu} \int \left|\begin{matrix}\gamma\\ b\\ \beta\end{matrix}\right|_\lambda \overset{+}{u_\mu} \,.\, du_\lambda , \end{aligned}$$

oder:

$$J = 2\pi i \left[ (gh)_\mu + e_\mu + \frac{\pi i + a_{\mu\mu}}{2} + \frac{1}{\pi i} \sum_{\lambda \neq \mu} \int \left|\begin{matrix}\gamma\\ b\\ \beta\end{matrix}\right|_\lambda \overset{+}{u_\mu} . du_\lambda \right].$$

Andererseits ist, da der Integrand

$$J' = u_u \cdot \frac{d \log \vartheta}{dz}$$

in $T$ eindeutig ist, $J = 2\pi i$ mal der Summe der Residuen von $J'$ in der Fläche $T'$. Die einzigen Punkte von $T'$, welche Residuen liefern, sind die Nullpunkte von $\vartheta$. Heissen dieselben $\varepsilon_1 \dots \varepsilon_\varkappa \dots \varepsilon_p$, und ist in $\varepsilon_\varkappa : z = \varrho_\varkappa$, so ist das Residuum Res $(\varepsilon_\varkappa)$ von $J'$ in $\varepsilon_\varkappa$:

$$\text{Res}\,(\varepsilon_\varkappa) = \lim\,(z - \varrho_\varkappa)\,.\,u_\mu\,(o)\,.\,\frac{d \log \vartheta}{d z}$$

Ist daher in $\varepsilon_\varkappa$:

$$\vartheta = (z - \varrho_\varkappa)\,.\,[c + c_1\,(z - \varrho_\varkappa) + \dots], \quad (c \neq 0)$$

und folglich:

$$\frac{d \log \vartheta}{dz} = \frac{1}{z - \varrho_\varkappa} + f\,.\,c,$$

so erhält man:

$$\text{Res}\,(\varepsilon_\varkappa) = u_\mu\,(e_\varkappa)\,.$$

Der Integrand $J'$ wird außerdem noch unstetig in den Verzweigungspunkten von $T$; da er aber dort zu derselben Ordnung unstetig wird, wie der Integrand I. Gattung $u_\mu$, so liefern diese Punkte kein Residuum. Ebensowenig hat $J'$ Residuen im Unendlichen. Die Summe der Residuen von $J'$ in $T'$ is also:

$$\sum_{\varkappa=1}^{p} \text{Res}\,(\varepsilon_\varkappa) = \sum_{\varkappa=1}^{p} u_\mu\,(\varepsilon_\varkappa),$$

und folglich:

$$J = 2\pi i\,.\sum_{\varkappa=1}^{p} u_\mu\,(\varepsilon_\varkappa)\,.$$

Durch Gleichsetzen der zwei für $J$ gefundenen Werte ergiebt sich die Formel:

$$\sum_{\varkappa=1}^{p} u_\mu\,(\varepsilon_\varkappa) = (gh)_\mu + e_\mu + \frac{1}{2}(\pi i + a_{\mu\mu}) + \frac{1}{\pi i}\sum_{\lambda \neq \mu}\int \left|\begin{matrix}\gamma\\ b\\ \beta\end{matrix}\right|_\lambda \overset{+}{u_\mu}\,d u_\lambda\,.$$

Löst man diese Gleichung auf nach $e_\mu$ und schreibt man abkürzend:

$$6^0)\quad \frac{1}{2}(\pi i + a_{\mu\mu}) + \frac{1}{\pi i}\sum_{\lambda \neq \mu}\int \left|\begin{matrix}\gamma\\ b\\ \beta\end{matrix}\right|_\lambda \overset{+}{u_\mu}\,.\,d u_\lambda = K_\mu,$$

so erhält man:

$$7^0)\quad e_\mu = \sum_{\mu=1}^{p} u_\mu(\varepsilon_\varkappa) - K_\mu - (gh)_\mu . \qquad (\mu = 1, 2 \ldots p).$$

Die hier auftretenden Gröſsen $K_\mu$ sind, wie ihr Ausdruck in $6^0$) zeigt, unabhängig von den Werten der Parameter $e_1 \ldots e_p$ und von der Lage der Nullpunkte $e_1 \ldots e_p$ und hängen nur ab von der Anordnung des Querschnittsystems und der unteren Grenze der Integrale $u_1 \ldots u_p$. Man nennt sie die Riemann'schen Konstanten.

Die Formel $7^0$) liefert den

**Satz V$^0$)** Sind $\varepsilon_1 \ldots \varepsilon_\varkappa \ldots \varepsilon_p$ die Nullpunkte der mit den Parametern $e_1 \ldots e_\mu \ldots e_p$ gebildeten, als Funktion von $z$ nicht identisch verschwindenden $\vartheta$-Funktion $\vartheta((u_\mu - e_\mu))$, so gelten die $p$-Beziehungen:

$$e_\mu = \sum_{\mu=1}^{p} u_\mu(\varepsilon_\varkappa) - K_\mu - (gh)_\mu, \qquad (\mu = 1, 2 \ldots p)$$

worin $K_1 \ldots K_\mu \ldots K_p$ die Riemann'schen Konstanten

$$K_\mu = \frac{1}{2}(\pi i + a_{\mu\mu}) + \frac{1}{\pi i} \sum_{\lambda \neq \mu} \int \left| \begin{matrix} \gamma \\ b \\ \beta \end{matrix} \right|_\lambda \overset{+}{u_\mu}\, du_\lambda$$

bezeichnen, und $g_\lambda, h_\lambda$ $(\lambda = 1 \ldots p)$ ganze Zahlen bedeuten, die dadurch definiert sind, daſs

$$\text{an } a_\lambda:\ \log\overset{+}{\vartheta} = \log\overset{-}{\vartheta} - 2\pi i \, . \, h_\lambda,$$

$$b_\lambda:\ \log\overset{+}{\vartheta} = \log\overset{-}{\vartheta} + 2\pi i \, . \, g_\lambda - a_{\lambda\lambda} - 2u_\lambda(o) + 2e_\lambda \text{ ist.}$$

Die Riemannschen Konstanten $K_1 \ldots K_\mu \ldots K_p$ hängen, wie schon bemerkt, von den unteren Grenzen der $p$-Normalintegrale ab. Wählt man diese Grenzen in geeigneter Weise, so werden alle $K_\mu = 0$. Die Normalintegrale $u_\mu$ $(\mu = 1 \ldots p)$ enthalten nämlich, nachdem man ihnen die bekannten Periodizitätsmodulen an den Querschnitten $a_\lambda$ $(\lambda = 1 \ldots p)$ aufgeprägt hat, noch je eine verfügbare Konstante, die wir mit $a_\mu\,(\mu = 1 \ldots p)$ bezeichnen wollen. Läfst man nun in $\vartheta((u_\mu - e_\mu))$ sowohl $u_\mu$ wie $e_\mu$ um $a_\mu$ wachsen, so bleibt dabei $\vartheta((u_\mu - e_\mu))$ ungeändert, wie auch seine Nullpunkte und die ganzen Zahlen $g_\lambda$, $h_\lambda$ in der Beziehung:

$$\sum_{\varkappa=1}^{p} u_\mu(\varepsilon_\varkappa) = e_\mu + K_\mu + (gh)_\mu .$$

Wächst aber $u_\mu$ um $a_\mu$, so wächst die linke Seite dieser Beziehung um $p \,.\, a_\mu$; rechts wächst zugleich $e_\mu$ um $a_\mu$, $K_\mu$ wächst also um $(p-1)a_\mu$, d. h. die neue Riemann'sche Konstante $K'_\mu$ hat den Wert

$$K'_\mu = K_\mu + (p-1)\, a_\mu .$$

Nimmt man daher $a_\mu = -\dfrac{K_\mu}{p-1}$, so wird $K'_\mu = 0$. Schreibt man dann für $e_\mu + a_\mu$ wieder $e_\mu$, so gehen die Beziehungen 7.) über in

$$e_\mu = \sum_{\varkappa=1}^{p} u_\mu(\varepsilon_\varkappa) - (gh)_\mu , \qquad (\mu = 1 \ldots p)$$

wofür wir auch in Form einer Kongruenz schreiben können:

$$8.)\qquad e_\mu \equiv \sum_{\varkappa=1}^{p} u_\mu(\varepsilon_\varkappa) \qquad (\mu = 1 \ldots p).$$

In diesen Kongruenzen sind die unteren Grenzen der Integrale $u_\mu$ $(\mu = 1 \ldots p)$ festgelegt, so dafs $u_\mu$ keine verfügbare Konstante mehr enthält.

Es verdient hervorgehoben zu werden, dafs die in den Sätzen IV.) und V.) ausgesprochenen Resultate gänzlich unabhängig sind von der Ausdrucksform von $\vartheta((u_\mu - e_\mu))$ und einzig und allein auf den in den Sätzen I.) und II.) formulierten funktionentheoretischen Eigenschaften von $\vartheta((u_\mu - e_\mu))$ beruhen.

---

## § 5. Die Primärreihe und die Sekundärreihen. Lösbarkeit des Umkehrproblems.

Schreibt man die Gleichungen 7.) des vorigen Paragraphen in der Form

$$1.)\qquad \sum_{\varkappa=1}^{p} u_\mu(\varepsilon_\varkappa) \equiv e_\mu + K_\mu, \quad \mu = 1, \ldots p,$$

so sieht man unmittelbar, daſs dieselben ein Jacobisches Umkehrproblem definieren. Dasselbe hat nach dem letzten Satze des vorigen Paragraphen stets eine Lösung, nämlich die $p$ Nullpunkte der mit den Parametern $e_\mu$ gebildeten, nach Voraussetzung nicht identisch verschwindenden Funktion $\vartheta((v_\mu - e_\mu))$. Es wirft sich nun naturgemäſs die Frage auf, ob diese Kongruenzen 1°) ebenfalls eine Lösung besitzen, wenn die Summe der mit den Paramentern $e_1 \ldots e_\mu \ldots e_p$ gebildeten $\vartheta$-Reihe $\vartheta((u_\mu - e_\mu))$ als Funktion von $z$ identisch verschwindet. — Daſs, und unter welchen Umständen die Summe von $\vartheta((u_\mu - e_\mu))$ als Funktion von $z$ wirklich identisch verschwindet, wird im nächsten Paragraphen nachgewiesen werden.

Wie bereits am Schluſs des § 4°) bemerkt wurde, gelten die Beziehungen 1°) für jede Funktion, welche die in den Sätzen I°) und II°) (§ 4°) von der Riemann'schen $\vartheta$-Funktion ausgesagten Eigenschaften besitzt. Das durch 1°) formulierte Jacobi'sche Umkehrproblem besitzt daher auch für den Fall des identischen Verschwindens der Riemannschen $\vartheta$-Funktion $\vartheta((u_\mu - e_\mu))$ eine Lösung, wenn es gelingt, eine mit den Eigenschaften der Sätze I°) und II°) des vorigen Paragraphen ausgerüstete Funktion nachzuweisen, die als Funktion von $z$ nicht identisch verschwindet.

Die Existenz einer derartigen Funktion läſst sich wie folgt nachweisen.*) Es seien, was nach Satz III°), § 3°) stets möglich ist, die Parameter $e'_1 \ldots e'_p$ so gewählt, daſs $\vartheta((u_\mu - e'_\mu))$ als Funktion von $z$ nicht identisch verschwindet. Ist dann, als Funktion von $z$ identisch

$$\vartheta((u_\mu - e_\mu)) = 0,$$

so bilden wir die weitere $\vartheta$-Funktion:

$$2^\circ)\qquad \Theta = \vartheta((u_\mu = e_\mu + \zeta(e_\mu - e'_\mu))),$$

und untersuchen dieselbe als Funktion der Variabeln $\zeta$. — Wie aus der Ausdrucksform:

$$\Theta = \sum_{m_1=-\infty}^{+\infty} \cdots \sum_{m_p=-\infty}^{+\infty} e^{\Phi((m)) + 2\sum_{\mu=1}^{p} m_\mu (u_\mu - e_\mu)} \cdot e^{2\zeta \sum_{\mu=1}^{p} m_\mu (e'_\mu - e_\mu)}$$

*) Christoffel, Math. Annalen, Bd. 54, pag. 356 ff.

sich ergiebt, ist $\Theta$ als Funktion von $\zeta$ eindeutig und für endlich $\zeta$ stetig. Für $\zeta = 1$ geht $\Theta$ ohne Unstetigkeit in die nach Voraussetzung nicht identisch verschwindende Funktion $\vartheta((u_\mu - e'_\mu))$ über, ist also als Funktion von $\zeta$ nicht identisch Null. Für $\zeta = 0$ geht $\Theta$ über in $\vartheta((u_\mu - e_\mu))$, wird also Null, aber da es stetige Funktion von $\zeta$ ist, nur zu endlicher Ordnung.

Entwickelt man $\Theta$ mittels des Taylor'schen Satzes nach Potenzen von $\zeta$, so erhält man:

$$\Theta = \Theta_0 + \zeta\, 2\Theta_1 + \frac{\zeta^2}{2!} \cdot 2^2 \Theta_2 + \qquad + \frac{\zeta^\lambda}{\lambda!} 2^\lambda \cdot \Theta_\lambda +$$

wo allgemein:

$$\Theta_\lambda = \sum_{m_1=-\infty}^{+\infty} \quad \sum_{m_p=-\infty}^{+\infty} e^{\Phi((m)) + 2 \sum\limits_{\mu=1}^{p} m_\mu (u_\mu - e_\mu)}$$

$$\left[\sum_{\mu=1}^{p} m_\mu (e_\mu - e'_\mu)\right]^\lambda \text{ ist.}$$

Hierin ist, nach Voraussetzung, $\Theta_0 = \vartheta((u_\mu - e_\mu)) = 0$; bezeichnet ferner $k$ die Ordnung, zu der $\Theta$ für $\zeta = 0$ verschwindet, so ist aufserdem $\Theta_1 = \Theta_2 = \ldots = \Theta_{k-1} = 0$, aber $\Theta_k \neq 0$. Versteht man weiter unter den partiellen Derivierten von $\vartheta((u_\mu - e_\mu))$ die partiellen Derivierten dieser Funktion nach den Argumenten $(u_\mu - e_\mu)$ $(\mu = 1, \ldots p)$, so sieht man unmittelbar, dafs in der Entwickelung von $\Theta_\lambda$ nach Potenzen der Differenzen $(e_\mu - e'_\mu)$ $(\mu = 1, \ldots p)$ die Koeffizienten der einzelnen Potenzen dieser Differenzen, bis auf den Faktor $2^\lambda$, die partiellen Derivierten von $\vartheta((u_\mu - e_\mu))$ von der Ordnung $\lambda$ sind. Es können also, da $\Theta_k \neq 0$ ist, nicht alle partiellen Derivierten der Ordnung $k$ von $\vartheta((u_\mu - e_\mu))$ gleich Null sein. Dagegen folgt aus $\Theta_1 = \ldots = \Theta_{k-1} = 0$ nicht ohne weiteres, dafs alle partiellen Derivierten von der Ordnung $p < k$ von $\vartheta((u_\mu - e_\mu))$ Null sind; es kann vielmehr, auch wenn die Derivierten $p^{\text{ter}}$ Ordnung nicht alle Null sind, $\Theta_p$ dennoch 0 sein, wegen der speziellen Werte der Differenzen $e_\mu - e'_\mu$. Eines steht jedoch fest: es giebt eine endliche, durch die Paramenter $e_1 \ldots e_p$ bestimmte Zahl $\varkappa \overline{\overline{<}} k$, so dafs nicht alle partiellen Derivierten von der

Ordnung $\varkappa$ von $\vartheta((u_\mu - e_\mu))$ verschwinden, wohl aber (für $\varkappa > 1$) alle partiellen Derivierten von der Ordnung **1** bis zur Ordnung $\varkappa - 1$ einschliefslich.

Bildet man nun die Funktion $\theta$ mit willkürlichen Werten $\xi_1 \ldots \xi_p$ der Differenzen $e_\mu - e'_\mu$, so ist $\theta_0 = \theta_1 = \ldots = \theta_{\varkappa - 1} = 0$, aber $\theta_\varkappa \neq 0$, und man hat:

$$\theta = \frac{\zeta^\varkappa}{\varkappa!} 2^\varkappa \quad \theta_\varkappa + \frac{\zeta^{\varkappa+1}}{(\varkappa+1)!} 2^{\varkappa+1} . \theta_{\varkappa+1} + \ldots$$

Betrachtet man jetzt die Funktion

$$\theta_\varkappa = \sum_{m_1=-\infty}^{+\infty} \ldots \sum_{m_p=-\infty}^{+\infty} e^{\Phi((m)) + 2 \sum\limits_{\mu=1}^{p} m_\mu (u_\mu - e_\mu)} \left[ \sum_{\mu=1}^{p} m_\mu \zeta_\mu \right]^\varkappa$$

als Funktion von $z$, so sieht man sogleich: $\theta_\varkappa$ ist in der einfach zusammenhängenden Fläche $T'$ eindeutige und stetige Funktion von $z$.

Ferner ist:

an $a_\lambda$: $\overset{+}{\theta} = \overset{-}{\theta}$, und daher auch $\overset{+}{\theta}_\varkappa = \overset{-}{\theta}_\varkappa$;

an $b_\lambda$: $\overset{+}{\theta} = \overset{-}{\theta} . e^{-a_{\lambda\lambda} - 2\bar{u}_\lambda + 2e_\lambda - 2\zeta\xi_\lambda}$,

$$\left(\frac{\varkappa!\,\theta}{2^\varkappa \cdot \zeta^\varkappa}\right)^{+} = \left(\frac{\varkappa!\,\theta}{2^\varkappa \cdot \zeta^\varkappa}\right)^{-} . e^{-a_{\lambda\lambda} - 2\bar{u}_\lambda + 2(e_\lambda - \zeta\xi_\lambda)},$$

und daher, da für $\zeta = 0$:

$$\lim \frac{\varkappa!\,\theta}{2^\varkappa \; \zeta^\varkappa} = \theta_\varkappa, \qquad \lim (e_\lambda - \zeta\xi_\lambda) = e_\lambda,$$

ist:
$$\overset{+}{\theta}_\varkappa = \overset{-}{\theta}_\varkappa . e^{-a_{\lambda\lambda} - 2\bar{u}_\lambda + 2e_\lambda},$$

an $c_\lambda$: $\overset{+}{\theta}_\varkappa = \overset{-}{\theta}_\varkappa$.

Die für beliebige Werte $\xi_1 \ldots \xi_p$ von $e_\mu - e'_\mu$ $(\mu = 1 \ldots p)$ gebildetete Funktion $\theta_\varkappa$ hat also, als Funktion von $z$ betrachtet, alle in den Sätzen I°) und II°) des vorigen Paragraphen nachgewiesenen charakteristischen Eigenschaften der Riemann'schen $\vartheta$-Funktion, und dasselbe gilt, da in der Entwickelung von $\Theta_\varkappa$ nach Potenzen der $\xi$ die Koeffizienten bis auf den Faktor $2^\varkappa$ die partiellen Derivierten $\varkappa^{\text{ter}}$ Ordnung von $\vartheta((u_\mu - e_\mu))$ sind, von denjenigen partiellen Derivierten $\varkappa^{\text{ter}}$ Ordnung von $\vartheta((u_\mu - e_\mu))$ selbst, die nicht identisch Null sind. — Wir haben so den

**Satz I°)** Beschränkt man den Begriff einer der Fläche $T$ zugeordneten $\vartheta$-Funktion nicht auf die Summe der Riemann'schen $\vartheta$-Reihe, dehnt man ihn vielmehr auf alle nicht identisch verschwindenden Funktionen von $z$ aus, welche die in den Sätzen I°) und II°) des vorigen Paragraphen formulierten Eigenschaften besitzen, und nennt man eine solche Funktion eine $\vartheta$-Funktion mit den Parametern $e_1 \ldots e_p$, so existiert eine solche Funktion stets, welches auch die Werte der $p$ Parameter $e_1 \ldots e_p$ seien.

Im Ausdrucke von $\Theta_\varkappa$ sind $\xi_1 \ldots \xi_p$ beliebige Gröfsen. $\Theta_\varkappa$ wird daher die im vorigen Satze erwähnten charakteristischen Eigenschaften auch dann noch behalten, wenn man in der Entwickelung von $\Theta_\varkappa$ nach Potenzen der $\xi_1 \ldots \xi_p$ die Produkte von Potenzen der $\xi$ durch willkürliche Konstanten ersetzt. Die Potenz

$$\left[\sum_{\mu=1}^{p} m_\mu \xi_\mu\right]^\varkappa$$

geht dann über in eine homogene Form $\varkappa^{\text{ter}}$ Ordnung der $p$ Gröfsen $m_1 \quad m_p$:

$$G_\varkappa(m) = G_\varkappa(m_1, m_2 \ldots m_p).$$

Schreiben wir nun noch $\vartheta_\varkappa((u_\mu - e_\mu)$ statt $\Theta_\varkappa$, so nennen wir die $p$-fach unendliche Reihe

$$3^0) \quad \vartheta_\varkappa((u_\mu - e_\mu)) = \sum_{m_1=-\infty}^{+\infty} \cdots \sum_{m_p=-\infty}^{+\infty} e^{\Phi((m)) + 2\sum_{\mu=1}^{p} m_\mu (u_\mu - e_\mu)} \; G_\varkappa(m)$$

mit Christoffel (l. c. pag. 359) eine Sekundärreihe $\varkappa^{\text{ter}}$ Ordnung und die ursprüngliche Riemann'sche Reihe $\vartheta((u_\mu - e_\mu))$ die Primärreihe. — Es gilt daher der

**Satz II°.)** Sind die Parameter $e_1 \ldots e_\mu \ldots e_p$ so beschaffen, dafs die Summe der Primärreihe $\vartheta((u_\mu - e_\mu))$ als Funktion von $z$ identisch verschwindet, so giebt es stets eine durch diese Parameter bestimmte Ordnung $\varkappa \geqq 1$, so dafs die partiellen Derivierten der Primärreihe von der Ordnung $\varkappa$ nicht alle identisch verschwinden, wohl aber, wenn $\varkappa > 1$ ist, alle partiellen Derivierten von den Ordnungen $1, 2 \ldots \varkappa - 1$. Es läfst sich dann stets die homogene Form $G_\varkappa(m)$ so bestimmen, dafs die Summe der Sekundärreihe $\varkappa^{\text{ter}}$ Ordnung:

$$\vartheta_\varkappa((u_\mu - e_\mu)) = \sum_{m_1=-\infty}^{+p} \cdots \sum_{m_p=-\infty}^{+p} e^{\Phi((m)) + 2\sum\limits_{\mu=1}^{p} m_\mu (u_\mu - e_\mu)} \cdot G_\varkappa(m)$$

als Funktion von $z$ nicht identisch verschwindet, und es ist $\vartheta_\varkappa((u_\mu - e_\mu))$ eine $\vartheta$-Funktion mit den Parametern $e_1 \ldots e_\mu \ldots e_p$.

Dafs es Parametersysteme $e_1 \ldots e_p$ giebt, für welche die Summe der Primärreihe identisch verschwindet, wird im nächsten Paragraphen nachgewiesen.

Nachdem so bewiesen ist, dafs es für jedes Parametersystem $e_1 \ldots e_p$ eine als Funktion von $z$ nicht identisch verschwindende $\vartheta$-Funktion giebt, die sich entweder durch die Primärreihe oder durch eine Sekundärreihe darstellen läfst, können wir den Satz V°.) des vorigen Paragraphen ganz allgemein formulieren:

**Satz III°.)** Zwischen jedem Parameter $e_\mu$ eines beliebigen Systems $e_1 \ldots e_\mu \ldots e_p$ und den Nullpunkten $\varepsilon_1 \ldots \varepsilon_\varkappa \ldots \varepsilon_p$ der zugehörigen nicht identisch verschwindenden $\vartheta$-Funktion $\vartheta$ oder $\vartheta_\varkappa$ besteht immer die Beziehung:

$$e_\mu = \sum_{\varkappa=1}^{p} u_\mu(\varepsilon_\varkappa) - K_\varkappa - (gh)_\mu, \qquad (\mu = 1, 2 \ldots p).$$

Setzt man $e_\mu + K_\mu = v_\mu$, so folgt aus dem vorigen Satze:

**Satz IV⁰)** Das durch die Kongruenzen:

$$\sum_{x=1}^{p} u_\mu(\varepsilon_x) \equiv v_\mu, \qquad (\mu = 1, 2 \ldots p)$$

definierte Jacobi'sche Umkehrproblem ist lösbar für jedes beliebige Wertesystem $e_1 \ldots e_\mu \ldots e_p$.

Ob und wann die Lösung eine eindeutige ist, werden wir später sehen.

An die Relationen

$$e_\mu = \sum_{x=1}^{p} u_\mu(\varepsilon_x) - K_\mu - (gh)_\mu$$

knüpfen wir noch eine Bemerkung an. — Sind die Parameter $e_1 \ldots e_p$ gegeben, so lassen sich zufolge dieser Beziehungen in der zugehörigen $\vartheta$-Funktion, möge dieselbe durch eine Primär- oder eine Sekundärreihe gegeben sein, die Differenzen $u_\mu - e_\mu$ ersetzen durch $u_\mu - \sum_x u_\mu(\varepsilon_x) + K_\mu + (gh)_\mu$. Man erhält dann die $\vartheta$-Funktion

$$4^0)\qquad \vartheta\left(\left(u_\mu - \sum_{x=1}^{p} u_\mu(\varepsilon_\mu) + K_\mu + (gh)_\mu\right)\right).$$

Gemäfs der Beziehung 7⁰), § 2⁰)

$$5^0)\qquad \vartheta\left(\left(u_\mu - \sum_{x=1}^{p} u_\mu(\varepsilon_x) + K_\mu + (gh)_\mu\right)\right)$$

$$= e^{-\Phi((h)) - 2\sum\limits_{\mu=1}^{p} h_\mu\left(u_\mu - \sum\limits_{x=1}^{p} u_\mu(\varepsilon_x) + K_\mu\right)} \cdot \vartheta\left(\left(u_\mu - \sum_{x=1}^{p} u_\mu(\varepsilon_x) + K_\mu\right)\right),$$

die sowohl für Primär-, als auch, wie sich leicht nachweisen läfst, für Sekundärreihen gilt, hat die $\vartheta$-Funktion auf der rechten Seite von 5⁰) dieselben Nullpunkte, wie die $\vartheta$-Funktion links. Wo es also blofs auf die Nullpunkte der $\vartheta$-Funktion ankommt, ist es bequemer, die einfachere Funktion

$$6^0)\qquad \vartheta_0 = \vartheta\left(\left(u_\mu - \sum_{x=1}^{p} u_\mu(\varepsilon_x) + K_\mu\right)\right)$$

zu benutzen, die aus 4°) dadurch hervorgeht, dafs man alle $g$ und alle $h$ gleich Null setzt. Es ist dann:

$$\text{an } a_\lambda: \ \overset{+}{\log}\vartheta_0 - \overset{-}{\log}\vartheta_0 = 0,$$

$$b_\lambda: \ \overset{+}{\log}\vartheta - \overset{-}{\log}\vartheta_0 = -a_{\lambda\lambda} - 2\,[\bar{u}_\varkappa - \sum_{\varkappa=1}^{p}{}' u_\mu(\varepsilon_\varkappa) + K_\mu],$$

$$c_\lambda: \ \overset{+}{\log}\vartheta - \overset{-}{\log}\vartheta = 2\pi i.$$

In folgendem legen wir überall die vereinfachte $\vartheta$-Funktion $\vartheta_0$ zu Grunde. Aus dem vorhergehenden wissen wir dann: wie auch die Parameter $e_\mu$ gewählt sein mögen, stets giebt es eine als Funktion von $z$ nicht identisch verschwindende Primär- oder Sekundärreihe

$$\vartheta_0 = \vartheta\,((u_\mu - \sum_{\varkappa=1}^{p}{}' u_\mu(\varepsilon_\varkappa) + K_\mu)),$$

deren Nullpunkte die Punkte $\varepsilon_1 \ldots \varepsilon_p$ sind. Sieht man umgekehrt nicht mehr die Parameter $e_1 \ldots e_p$, sondern die Nullpunkte $\varepsilon_1 \ldots \varepsilon_p$ als gegeben an, so stellt sich die Frage: giebt es eine als Funktion von $z$ nicht identisch verschwindende $\vartheta$-Funktion, welches auch die Lage der $p$ vorgeschriebenen Nullpunkte $\varepsilon_1 \ldots \varepsilon_p$ sei? Christoffel hat (l. c. pag. 366—69) auch diese Frage untersucht und einen für jede Lagerung der vorgeschriebenen Nullpunkte $\varepsilon_1 \ldots \varepsilon_p$ mit den charakteristischen Eigenschaften der $\vartheta$-Funktion versehenen Ausdruck nachgewiesen.*) Dies ergiebt den wichtigen:

**Satz V°)** Die Riemannsche $\vartheta$-Funktion existiert stets, sei es, dafs ihr die Parameter $e_1 \ldots e_p$ oder die Nullpunkte $\varepsilon_1 \ldots \varepsilon_p$ vorgeschrieben werden, und wie das auch immer geschehen mag. Zwischen den $e$ und den $\varepsilon$ bestehen unter allen Umständen die $p$ Beziehungen:

$$e_\mu = \sum_{\varkappa=1}^{p} u_\mu(\varepsilon_\varkappa) - K_\mu - (gh)_\mu, \qquad (\mu = 1, 2 \ldots p).$$

*) Für den Beweis verweisen wir auf die Abhlg. Math. Annal. Bd. 54.

## § 6. Identisches Verschwinden der Summe der Primärreihe; Eindeutigkeit und Mehrdeutigkeit des Umkehrproblems.

Für die mit den Argumenten

$$u_\mu(o) - \sum_{\varkappa=1}^{p} u_\mu(\varepsilon_\varkappa) + K_\mu$$

gebildete vereinfachte Riemann'sche Primärreihe gilt der grundlegende

**Satz I°.)** Die Summe der Riemann'schen Primärreihe

$$1°.)\qquad \vartheta(o, \varepsilon) = \vartheta\left(\left(u_\mu(o) - \sum_{\varkappa=1}^{p} u_\mu(\varepsilon_\varkappa) + K_\mu\right)\right)$$

hat stets die Punkte $\varepsilon_1 \ldots \varepsilon_\varkappa \ldots \varepsilon_p$ zu Nullpunkten.

Läfst man den variablen Punkt $o$ mit einem der Punkte $\varepsilon_1 \ldots \varepsilon_\varkappa \ldots \varepsilon_p$, etwa mit $\varepsilon_p$ zusammenfallen, so läfst sich der vorige Satz auch so aussprechen:

**Satz I°°a.)** Es ist stets:

$$2°.)\qquad \vartheta\left(\left(-\sum_{\varkappa=1}^{p=1} u_\mu(\varepsilon_\varkappa) + K_\mu\right)\right) = 0,$$

wie auch die $p-1$ Punkte $\varepsilon_1 \ldots \varepsilon_p$ gewählt sein mögen.

Beweis: Wir unterscheiden zwei Fälle.

A°.) $\varepsilon_1, \ldots \varepsilon_{p-1}, \varepsilon_p$ bilden kein Punktsystem I. Gattung, d. h. unter den $p$ Gleichungen, welche ausdrücken, dafs der allgemeine Integrand I. Gattung in $\varepsilon_1 \ldots \varepsilon_{p-1}, \varepsilon_p$ gleich $0^1$ wird, findet sich keine überzählige.*)

*) Die Bezeichnung „Punktsystem I. Gattung" ist hier nicht in demselben Sinne genommen, wie früher, sondern in einem weiteren Sinne. Sollen $\varepsilon_1 \ldots \varepsilon_p$ kein Punktsystem I. Gattung bilden, so können sie überhaupt kein Punktsystem der Klasse bilden, da Punktsysteme II. Gattung mindestens $p+1$ Punkte enthalten.

Ist $\vartheta(o,\varepsilon)$ nicht identisch Null, so gelten, wenn $\gamma_1 \dots \gamma_p$ seine Nullpunkte bezeichnen, nach § 37°) (Theorie der algebr. Funktionen und ihrer Integrale) die $p$ Beziehungen:

$$\sum_{\varkappa=1}^{p} u_\mu(\varepsilon_\varkappa) - K_\mu = \sum_{\varkappa=1}^{p} u_\mu(\gamma_\varkappa) - K_\mu - (gh),$$

oder $(\mu = 1, 2 \dots p)$

$$\sum_{\varkappa=1}^{p} u_\mu(\gamma_\varkappa) - \sum_{\varkappa=1}^{p} u_\mu(\varepsilon_\varkappa) = (gh)_\mu .$$

Wären nun $\gamma_1 \dots \gamma_p$ und $\varepsilon_1 \dots \varepsilon_p$ von einander verschiedene Punktsysteme, so müſsten beide, nach der Umkehrung des Abelschen Theorems für Integrale I. Gattung, Punktsysteme I. Gattung sein. Dies widerspricht aber unserer Voraussetzung über $\varepsilon_1 \dots \varepsilon_p$. Die Punkte $\gamma_1 \dots \gamma_p$ müssen also mit den Punkten $\varepsilon_1 \dots \varepsilon_p$ identisch sein, d. h. $\vartheta(o,\varepsilon)$ wird Null in $\varepsilon_1 \dots \varepsilon_p$. Ist $\vartheta(o,\varepsilon)$ identisch Null, so bedarf der Satz keines Beweises. Bilden $\varepsilon_1 \dots \varepsilon_{p-1}$ und $\varepsilon_p$ zusammen kein Punktsystem I. Gattung, so ist also jedenfalls

$$\vartheta\left(\left(-\sum_{\varkappa=1}^{p-1} u_\mu(\varepsilon_\varkappa) + K_\mu\right)\right) = 0 .$$

Da der Punkt $\varepsilon_p$ im Argument von

$$\vartheta\left(\left(-\sum_{1}^{p-1} u_\mu(\varepsilon_\varkappa) + K_\mu\right)\right)$$

gar nicht vorkommt, so muſs die Gleichung 2°) auch noch richtig sein, wenn wir die Voraussetzung darauf beschränken, daſs $\varepsilon_1 \dots \varepsilon_{p-1}$ keinen notwendigen Punkt enthalten.

B°) Das Punktsystem $\varepsilon_1 \dots \varepsilon_{p-1}$ enthalte $\varkappa$ ($\geqq 1$) notwendige Punkte, d. h. unter den Gleichungen, welche ausdrücken, daſs der allgemeine Integrand I. Gattung in den Punkten $\varepsilon_1 \dots \varepsilon_{p-1}$ verschwindet, finden sich $\varkappa$ überzählige. Ist hierbei z. B. $w^{(r)}(\varepsilon_\varrho) = 0$ ($r \geqq 1$) eine überzählige Gleichung, so sei es gestattet zu sagen: der Punkt $\varepsilon_\varrho$ geht in diese überzählige Gleichung ein.

Um die Richtigkeit von 2°) auch unter der jetzigen Voraussetzung nachzuweisen, unterscheiden wir wieder verschiedene Möglichkeiten:

1°.) Die Punkte $\varepsilon_1, \ldots \varepsilon_k, \ldots \varepsilon_\varkappa$, welche in die überzähligen Gleichungen eingehen, seien unter einander verschieden und auch verschieden von den Punkten $\varepsilon_{\varkappa+1}, \ldots \varepsilon_l, \ldots \varepsilon_{p-1}$ welche in die wesentlichen Gleichungen eingehen. In diesem Falle denken wir uns jeden der notwendigen Punkte $\varepsilon_k$ in ein endliches Gebiet $G_k$ so eingeschlossen, dafs jedes $G_k$ nur einen notwendigen Punkt enthält. Nehmen wir dann in jedem $G_k$ einen von dem eingeschlossenen $\varepsilon_k$ verschiedenen Punkt $\gamma_k$, so besteht das System

$$\gamma_1 \quad \gamma_k \ldots \gamma_\varkappa, \; \varepsilon_{\varkappa+1}, \ldots \varepsilon_{p-1}$$

aus lauter wesentlichen Punkten, und es ist daher nach A°.):

$$\vartheta_\gamma = \vartheta\left(\left(-\sum_{k=1}^{\varkappa} u_\mu(\gamma_k) - \sum_{l=\varkappa+1}^{p-1} u_\mu(\varepsilon_l) + K_\mu\right)\right) = 0.$$

Lassen wir nun die Punkte $\gamma_k$, einen jeden in seinem Bereiche, schwanken, so bleibt $\vartheta_\gamma = 0$, so lange kein Punkt $\gamma_k$ mit dem zugeordneten Punkte $\varepsilon_k$ zusammenfällt. Als stetige Funktion bleibt also $\vartheta_\gamma$ gleich Null, wenn jedes $\gamma_k$ in das zugeordnete $\varepsilon_k$ rückt.*)

2°.) Die Punkte $\varepsilon_1 \ldots \varepsilon_k \ldots \varepsilon_\varkappa$ seien immer noch verschieden von den Punkten $\varepsilon_{\varkappa+1} \quad \varepsilon_l \ldots \varepsilon_{p-1}$, es mögen aber unter ihnen eine oder mehrere Gruppen zusammenfallender Punkte auftreten. — Dieser Fall läfst sich leicht auf den vorhergehenden zurückführen. Sind z. B. die 3 Punkte $\varepsilon_1$, $\varepsilon_2$, $\varepsilon_3$ indentisch mit dem einen Punkte $\varepsilon$, so denken wir uns drei Gebiete $G_1$, $G_2$, $G_3$ konstruiert, deren Begrenzungen den einen Punkt $\varepsilon$ gemeinsam haben und keinen weiteren gemeinsamen Punkt einschliefsen. Nehmen wir nun in jedem dieser Gebiete einen beliebigen, von $\varepsilon$ verschiedenen Punkt an, so lassen sich die Schlüsse aus 1°.) unverändert auf den vorliegenden Fall übertragen, und ebenso das in 1°.) erhaltene Resultat.

3°.) Sind einzelne oder alle Punkte $\varepsilon_1 \ldots \varepsilon_\varkappa$ identisch mit Punkten aus der Reihe $\varepsilon_{\varkappa+1} \ldots \varepsilon_{p-1}$, so behalten die vorigen Schlüsse unveränderte Gültigkeit.

---

*) Für den Begriff der „Stetigkeit" vergl. § 2°.) Theorie der algebr. Funktionen und ihrer Integrale, oder Christoffel, Math. Annalen Bd. 53.

Der Ausdruck

$$\vartheta((-\sum_{\varkappa=1}^{p-1} u_\mu(\varepsilon_\varkappa) + K_\mu))$$

ist also gleich Null, wie auch die $p-1$ Punkte $\varepsilon_1 \quad \varepsilon_{p-1}$ gewählt sein mögen.

Nach dem eben bewiesenen Satze verschwindet die Summe der vereinfachten Riemann'schen $\vartheta$-Reihe

$$\vartheta(o, \varepsilon) = \vartheta((u_\mu(o) - \sum_1^p u_\mu(\varepsilon_\varkappa) + K_\mu))$$

jedesmal, wenn der variabele Punkt $o$ $(s, z)$ mit einem der $p$ Punkte $\varepsilon_1 \ldots \varepsilon_p$ zusammenfällt. Die Punkte $\varepsilon_1 \ldots \varepsilon_p$ sind also auf jeden Fall Nullpunkte von $\vartheta$ $(o, \varepsilon)$; bilden aber $\varepsilon_1 \ldots \varepsilon_p$ ein Punktsystem I. Gattung, so sind sie nicht die einzigen Nullpunkte dieser Funktion. Bezeichnet dann nämlich $\alpha_1 \ldots \alpha_p$ irgend ein zu $\varepsilon_1 \ldots \varepsilon_p$ korresiduales Punktsystem I. Gattung, so ist:

$$\sum_{\varkappa=1}^p u_\mu(\varepsilon_\varkappa) = \sum_{\varkappa=1}^p u_\mu(\alpha_\varkappa) + (g\,h)_\mu,$$

wo die $g$ und $h$ ganze Zahlen bedeuten. Nach Früherem ist daher $\vartheta$ $(o, \varepsilon)$ gleich dem Produkt aus $\vartheta$ $(o, \alpha)$ und einem von Null verschiedenen Faktor. Die Punkte $\alpha_1 \quad \alpha_p$ sind also ebenfalls Nullpunkte von $\vartheta$ $(o, \varepsilon)$, das so mehr als $p$ Nullpunkte 1. Ordnung hätte. Dies ist aber nur möglich, wenn $\vartheta$ $(o, \varepsilon)$ identisch Null ist, und wir haben den

**Satz II°)** Die Summe der Riemann'schen Primärreihe

$$\vartheta((u_\mu(0) - \sum_{\varkappa=1}^p u_\mu(\varepsilon_\varkappa) + K_\mu))$$

verschwindet identisch, wenn $\varepsilon_1 \quad \varepsilon_p$ ein Punktsystem I. Gattung bilden.

Hieraus folgt: lassen sich die Paramenter $e_\mu$ der Riemann'schen Primärreihe $\vartheta$ $((u_\mu - e_\mu))$ in die Form

$$e_\mu = \sum_{\varkappa=1}^p u_\mu(\varepsilon_\varkappa) - K_\mu - (g\,h)_\mu$$

bringen, wo $\varepsilon_1 \ldots \varepsilon_p$ ein Punktsystem I. Gattung bilden, so verschwindet die Summe der mit diesen Parametern gebildeten Reihe $\vartheta\,((u_\mu - e_\mu))$ identisch als Funktion von $z$.

Satz II°) läfst sich umkehren:

**Satz III°)** Soll die Summe der Riemann'schen Primärreihe

$$\vartheta\,((u_\mu(o) - \sum_{\varkappa=1}^{p} u_\mu(\varepsilon_\varkappa) + K_\mu))$$

als Funktion von $z$ identisch verschwinden, so müssen $\varepsilon_1 \ldots \varepsilon_p$ ein Punktsystem I. Gattung bilden.

Beweis: Es sei

$$\vartheta\,(o, \varepsilon) = \vartheta\,((u_\mu(o) - \sum_{\varkappa=1}^{p} u_\mu(\varepsilon_\varkappa) + K_\mu))$$

identisch Null, aber

$$\vartheta\,(o, \beta) = \vartheta\,((u_\mu(o) - \sum_{\varkappa=1}^{p} u_\mu(\beta_\varkappa) + K_\mu))$$

nicht identisch Null, so dafs jedenfalls $\beta_1 \ldots \beta_p$ kein Punktsystem I. Gattung bilden. Wir konstruieren*) die Reihe von Funktionen:

$$\Delta_0 = \vartheta\,((u_\mu(o) - \sum_{\varkappa=1}^{p} u_\mu(\varepsilon_\varkappa) + K_\mu)) = \vartheta\,(o, \varepsilon)$$

$$\Delta_1 = \vartheta\,((u_\mu(o) + u_\mu(\alpha_1) - u_\mu(\beta_{i_1}) - \sum_{1}^{p} u_\mu(\varepsilon_\varkappa) + K_\mu))$$

$$\Delta_r = \vartheta\,((u_\mu(o) + \sum_{\varkappa=1}^{r} u_\mu(\alpha_\varkappa) - \sum_{\varkappa=1}^{r} u_\mu(\beta_{i_\varkappa}) - \sum_{\varkappa=1}^{p} u_\mu(\varepsilon_\varkappa) + K_\mu)),$$

$$\Delta_p = \vartheta\,((u_\mu(o) + \sum_{\varkappa=1}^{p} u_\mu(\alpha_\varkappa) - \sum_{\varkappa=1}^{p} u_\mu(\beta_\varkappa) - \sum_{\varkappa=1}^{p} u_\mu(\varepsilon_\varkappa) + K_\mu)).$$

---

*) Christoffel: Vollst. Theorie d. Riemannschen $\vartheta$-Funktion, Math. Annalen Bd. 54.

In diesen Ausdrücken bedeuten $o, \alpha_1 \dots \alpha_p$ unumschränkt variable Punkte: ferner möge jeder der Ausdrücke $\varDelta_1, \dots \varDelta_{p-1}$ der Repräsentant je einer Gruppe analoger Ausdrücke sein, so zwar, daſs $\varDelta_r$ die sämtlichen $p_r$ wie $\varDelta_r$ gebauten Ausdrücke repräsentiert, die man erhält, wenn man auf alle möglichen Arten je $r$ der $p$ festen Punkte $\beta_1 \dots \beta_p$ zur Bildung einer Summe $\sum_{\varkappa=1}^{r} u_\mu (\beta_{i_\varkappa})$ zusammennimmt.

Läſst man in jedem Ausdrucke der Gruppe $\varDelta_r$ einen der unbeschränkt variablen Punkte $\alpha$, etwa den letzten, der Reihe nach mit jedem der in demselben Ausdrucke vorkommenden Punkte $\beta$ zusammenfallen, so geht die Gruppe $\varDelta_r$ über in die Gruppe $\varDelta_{r-1}$. Sind daher alle $\varDelta_r$ identisch Null, so sind es auch alle $\varDelta_{r-1}, \varDelta_{r-2}, \dots$ u. s. w. Nun ist, nach Voraussetzung $\varDelta_0 = 0$; $\varDelta_p$ ist jedoch nicht identisch Null, da es, wenn $\alpha_1 \dots \alpha_p$ mit $\varepsilon_1 \dots \varepsilon_p$ zusammenfallen, in die nicht identisch verschwindende $\vartheta$-Funktion $\vartheta(o, \beta)$ übergeht.

Zwischen den aus nur je einem Ausdrucke bestehenden Gruppen $\varDelta_0$ und $\varDelta_p$ muſs es also eine Gruppe $\varDelta_\varrho$ $(\varrho \leqq p)$ geben, so daſs alle $\varDelta_r$ $(r < \varrho)$ identisch Null sind, aber nicht mehr alle Ausdrücke der Gruppe $\varDelta_\varrho$. Sei z. B.

$$\varDelta_\varrho = \vartheta\left((u_\mu(o) + \sum_{\varkappa=1}^{\varrho} u_\mu(\alpha_\varkappa) - \sum_{\varkappa=1}^{\varrho} u_\mu(\beta_\varkappa) - \sum_{\varkappa=1}^{p} u_\mu(\varepsilon_\varkappa) + K_\mu)\right)$$

nicht identisch Null. Sieht man dann den Punkt $o(s, z)$ als den variablen Punkt an, so hat $\varDelta_\varrho$ als nicht identisch verschwindende $\vartheta$-Funktion $p$ Nullpunkte 1. Ordnung, zu denen jedenfalls die Punkte $\beta_1 \dots \beta_\varrho$ gehören, da $\varDelta_\varrho$ sich auf ein $\varDelta_{\varrho-1}$ reduziert, wenn $o$ mit einem der Punkte $\beta_1 \dots \beta_\varrho$ zusammenfällt. Bezeichnen $\omega_1 \dots \omega_{p-\varrho}$ die übrigen Nullpunkte von $\varDelta_\varrho$, so sind dieselben, wie sich aus dem Ausdrucke für $\varDelta_\varrho$ ergiebt, im allgemeinen eindeutig bestimmt durch $\beta_1, \dots \beta_\varrho$, $\varepsilon_1 \dots \varepsilon_p$ und die noch verfügbaren Punkte $\alpha_1 \dots \alpha_\varrho$.

Nach Satz V?), § 4?) gelten nun auf jeden Fall die $p$ Beziehungen:

$$\begin{aligned} &- \sum_{\varkappa=1}^{\varrho} u_\mu(\alpha_\varkappa) + \sum_{\varkappa=1}^{\varrho} u_\mu(\beta_\varkappa) + \sum_{\varkappa=1}^{p} u_\mu(\varepsilon_\varkappa) - K_\mu \\ &= \sum_{\varkappa=1}^{\varrho} u_\mu(\beta_\varkappa) + \sum_{\varkappa=1}^{p-\varrho} u_\mu(\omega_\varkappa) - K_\mu - (gh) \;, \end{aligned} \qquad (\mu = 1, 2 \dots p)$$

die sich auch einfacher schreiben lassen, wie folgt:

$$3^0)\ \sum_{\varkappa=1}^{\varrho} u_\mu(\beta_\varkappa) + \sum_{\varkappa=1}^{p-\varrho} u_\mu(\omega_\varkappa) - \sum_{\varkappa=1}^{p} u_\mu(\varepsilon_\varkappa) = (gh)_\mu \quad (\mu = 1, \ldots p)$$

Dies sind aber die Gleichungen des Abel'schen Theorems für Integrale I. Gattung. Die Punkte $\varepsilon_1 \ldots \varepsilon_p$ bilden also ein Punktsystem der Klasse, und zwar, weil ihre Zahl $< p+1$ ist, ein Punktsystem I. Gattung, w. z. b. w.

Die Sätze II$^0$) und III$^0$) lassen sich zu dem einen fundamentalen Satze zusammenfassen:

**Satz IV$^0$)** Die Summe der Riemann'schen Primärreihe

$$\vartheta\left(\left(u_\mu(o) - \sum_{\varkappa=1}^{p} u_\mu(\varepsilon_\varkappa) + K_\mu\right)\right)$$

verschwindet dann und nur dann identisch, wenn die Punkte $\varepsilon_1 \ldots \varepsilon_p$ ein Punktsystem I. Gattung bilden.

Aus dem Beweis des vorigen Satzes ergiebt sich ein weiteres Resultat. — Wie aus 3$^0$) sich ergiebt, sind die zwei Punktsysteme $\varepsilon_1 \ldots \varepsilon_p$ und $\alpha_1 \ldots \alpha_\varrho$, $\omega_1 \ldots \omega_{p-\varrho}$ zwei äquivalente Punktsysteme der Klasse. Für die Bildung des zweiten Systems können die $\varrho$ Punkte $\alpha_1 \ldots \alpha_\varrho$ frei gewählt werden, wodurch dann die übrigen $p-\varrho$ Punkte im allgemeinen eindeutig bestimmt sind. Nach Satz VIII, § 29$^0$) (Theorie der algebr. Funktionen und ihrer Integrale) hat also das Punktsystem $\varepsilon_1 \ldots \varepsilon_p$ den Überschufs $\varrho$, und wir haben den

**Satz V$^0$)** Ist $\Delta_\varrho$ die erste Funktionengruppe, deren Elemente nicht alle identisch Null sind, so hat das Punktsystem $\varepsilon_1 \ldots \varepsilon_p$ im Argument der identisch verschwindenden Riemann'schen Primärreihe

$$\vartheta\left(\left(u_\mu(o) - \sum_{\varkappa=1}^{p} u_\mu(\varepsilon_\varkappa) + K_\mu\right)\right)$$

genau den Überschufs $\varrho$.

Wir haben früher nachgewiesen, dafs jedes Parametersystem $e_1 \dots e_\mu \dots e_p$ sich in die Form

$$e_\mu = \sum_{\varkappa=1}^{p} u_\mu(\varepsilon_\varkappa) - K_\mu - (gh)_\mu \qquad (\mu = 1, \dots p)$$

bringen läfst. Sind die Parameter so gewählt, dafs $\varepsilon_1 \dots \varepsilon_p$ kein Punktsystem I. Gattung ist, so ist die Riemann'sche $\vartheta$-Funktion $\vartheta((u_\mu - e_\mu))$ nicht identisch Null, und $\varepsilon_1 \dots \varepsilon_p$ sind ihre Nullpunkte. Sind dagegen $e_1 \dots e_p$ so gewählt, dafs $\varepsilon_1 \dots \varepsilon_p$ ein Punktsystem I. Gattung bilden, so verschwindet die Primärreihe $\vartheta((u_\mu - e_\mu))$ identisch, und an ihre Stelle tritt eine nicht identisch verschwindende Sekundärreihe, die alle Eigenschaften der $\vartheta$-Funktion aufweist. Umgekehrt giebt es aber auch zu jedem Punktsystem I. Gattung $\varepsilon_1 \dots \varepsilon_p$ eine nicht identisch verschwindende Sekundärreihe, welche $\varepsilon_1 \dots \varepsilon_p$ zu Nullpunkten besitzt, und wir sind nunmehr imstande, diese Sekundärreihe, wenigstens unter beschränkenden Voraussetzungen über das Punktsystem I. Gattung $\varepsilon_1 \dots \varepsilon_p$ in ausgeführter Form darzustellen.

Es sei $\varepsilon_1 \dots \varepsilon_p$ ein Punktsystem I. Gattung vom Überschusse $\varrho$. Von diesem Punktsystem setzen wir voraus, es sei so beschaffen, dafs die Trennung der $p$ Punkte in

$p - \varrho$ wesentliche Punkte $\varepsilon_1 \dots \varepsilon_\lambda \dots \varepsilon_{p-\varrho}$
und $\varrho$ notwendige Punkte $\eta_1 \dots \eta_\varkappa \dots \eta_\varrho$

möglich sei, und dafs keiner dieser letztern Punkte in einen Verzweigungspunkt der Fläche $T$ falle.

Wir bilden nun die zwei Primärreihen:

$$\vartheta\left(\left(u_\mu(o) - \sum_{\varkappa=1}^{p} u_\mu(\varepsilon_\varkappa) + K_\mu\right)\right) = \vartheta((u_\mu - e_\mu)), \text{ und}$$

$$4.^\varrho)\quad \vartheta\left(\left(u_\mu(o) - \sum_{\lambda=1}^{p-\varrho} u_\mu(\varepsilon_\lambda) - \sum_{\varkappa=1}^{\varrho} u_\mu(\omega_\varkappa) + K_\mu\right)\right) = \vartheta((u_\mu - f_\mu)) = \Theta,$$

worin $\omega_1 \dots \omega_\varkappa \dots \omega_\varrho$ und $o$ unabhängig variable Punkte bedeuten. Die erste dieser zwei Funktionen ist identisch Null; die zweite untersuchen wir in ihrer Abhängigkeit von den Koordinaten $(s, z), (s_1, z_1) \dots (s_\varrho, z_\varrho)$ der Punkte $o\,(s, r)$, $\omega_1 \dots \omega_\varrho$; die Koordinaten der Punkte $\eta_1 \dots \eta_\varrho$ mögen $(\sigma_1, \zeta_1) \dots (\sigma_\varrho, \zeta_\varrho)$ heifsen.

Als Funktion von $z$ wird $\Theta = 0^1$ in den Punkten $\varepsilon_1 \ldots \varepsilon_{p-\varrho}$, $\omega_1 \ldots \omega_\varrho$.

Als Funktion von $z_1$ wird $\Theta$ unter anderem Null zur 1. Ordnung:

1°) wenn $\omega_1$ mit $o$ zusammenfällt (Satz I°) dieses Paragraphen),

2°) wenn $\omega_1$ mit einem der notwendigen Punkte $\eta_1 \ldots \eta_\varrho$ zusammenfällt (Satz II°).)

Als Funktion von $z_2$ wird $\Theta$ ebenfalls $= 0^1$, wenn $\omega_2$ mit einem der notwendigen Punkte zusammenfällt, und gleiches gilt für $\Theta$ als Funktion von $z_3 \ldots z_\varrho$.

Bildet man daher den Quotienten

$$5^{\circ}) \qquad E = \frac{\Theta}{(z_1 - \zeta_1)(z_2 - \zeta_2) \ldots (z_\varrho - \zeta_\varrho)},$$

so wird Zähler und Nenner desselben $= 0^1$, wenn $\omega_1$ nach $\eta_1$, $\omega_2$ nach $\eta_2, \ldots \omega_\varrho$ nach $\eta_\varrho$ rückt. Wir untersuchen den wahren Wert

$$6^{\circ}) \qquad F = \lim E$$

dieses Quotienten als Funktion von $z$, unter der Annahme, dafs zugleich $\omega_1$ nach $\eta_1, \ldots \omega_\varrho$ nach $\eta_\varrho$ rückt.

Fällt der variable Punkt $o\,(s, z)$ mit einem der wesentlichen Punkte $\varepsilon_\lambda$ zusammen, so wird $\Theta = 0$, also auch $E = 0$. Läfst man nun noch $\omega_1$ mit $\eta_1, \ldots \omega_\varrho$ mit $\eta_\varrho$ zusammenfallen, so bleibt $E = 0$, d. h. als Funktion von $z$ wird $F = 0$ in jedem der wesentlichen Punkte $\varepsilon_1 \ldots \varepsilon_{p-\varrho}$.

Als Funktion von $z$ betrachtet wird $F$ aber auch $= 0$, wenn der variable Punkt $o\,(s, z)$ mit einem der notwendigen Punkte $\eta_1 \ldots \eta_\varrho$ zusammenfällt. Zum Beweise denken wir uns den Punkt $o\,(s, z)$ in unmittelbarer Nähe von $\eta_1$ gerückt, und lassen dann den Punkt $\omega_1$ einen Ringweg beschreiben, der beide Punkte $o$ und $\eta_1$ in positiver Richtung umkreist. Fassen wir nun zunächst $\Theta$ als Funktion von $z_1$ auf, so enthält dieser Ringweg 2 Nullpunkte von $\Theta$; fällt also $o\,(s, r)$ mit $\eta_1$ zusammen, so wird in $\eta_1 : \Theta = 0^2$ und daher $E = 0^2$. Als Funktion von $z$ betrachtet wird also $F = 0^1$, wenn $o\,(s, z)$ nach $\eta_1$ rückt.

Analog wird $F = 0^1$, wenn $\omega_2$ nach $\eta_2$ rückt u. s. w. — Der Ausdruck $F$, der als Funktion von $z$ nicht identisch Null ist, wird also Null in allen Punkten des Punktsystems I. Gattung $\varepsilon_1 \dots \varepsilon_p$. — Diesen Ausdruck $F$ arbeiten wir nun weiter aus. Es ist nach Definition:

$$F = \lim \frac{\Theta}{(z_1 - \zeta_1) \dots (z_\varrho - \zeta_\varrho)} = \lim \frac{\partial^\varrho \Theta}{\partial z_1, \partial z_2 \dots \partial z_\varrho},$$

wofern $\omega_1$ mit $\eta_1$, $\omega_2$ mit $\eta_2$, ... $\omega_\varrho$ mit $\eta_\varrho$ zusammenfällt. Berücksichtigt man nun, daſs man eine konvergente Potenzreihe differentiiert, indem man sie gliedweise differentiiert, so erhält man aus

$$\Theta = \sum_{m_1 = -\infty}^{+\infty} \dots \sum_{m_p = -\infty}^{+\infty} e^{\Phi((m)) + 2 \sum\limits_{\mu=1}^{p} m_\mu (u_\mu(o) - f_\mu)},$$

$$\text{wo} \quad f_\mu = \sum_{\lambda=1}^{p-\varrho} u_\mu(\varepsilon_\lambda) + \sum_{\varkappa=1}^{\varrho} u_\mu(\omega_\varkappa) - K_\mu \quad \text{ist:}$$

$$\frac{\partial^\varrho \Theta}{\partial z_1 \dots \partial z_\varrho} = \sum_{m_1} \dots \sum_{m_p} e^{\Phi((m)) + 2 \sum\limits_{\mu=1}^{p} m_\mu (u_\mu(o) - \sum\limits_{\lambda=1}^{p-\varrho} u_\mu(\varepsilon_\lambda) + K_\mu)}$$

$$\cdot \frac{\partial^\varrho e^{-2 \sum\limits_{\mu=1}^{p} m_\mu \sum\limits_{\varkappa=1}^{\varrho} u_\mu(\omega_\varkappa)}}{\partial z_1 . \partial z_2 \dots . \partial z_\varrho}.$$

Da nun

$$\frac{\partial}{\partial z_\varkappa}\left(e^{-2 \sum\limits_{\mu=1}^{p} m_\mu . u_\mu(\omega_\varkappa)}\right) = -2 . e^{-2 \sum\limits_{\mu=1}^{p} m_\mu . u_\mu(\omega_\varkappa)} . \sum_{\mu=1}^{p} m_\mu . u'_\mu(\omega_\varkappa)$$

ist, so ergiebt sich schlieſslich:

$$\frac{\partial^\varrho \Theta}{\partial z_1 . \partial z_2 \dots \partial z_\varrho}$$

$$= (-2)^\varrho . \sum_{m_1 = -\infty}^{+\infty} \dots \sum_{m_p = -\infty}^{+\infty} e^{\Phi((m)) + 2 \sum\limits_{\mu=1}^{p} m_\mu (u_\mu(o) - \sum\limits_{\lambda=1}^{p-\varrho} u_\mu(\varepsilon_\lambda) + K_\mu)}$$

$$. e^{-2 \sum\limits_{\mu=1}^{p} m_\mu \sum\limits_{\varkappa=1}^{\varrho} u_\mu(\omega_\varkappa)} . \sum_{\mu=1}^{p} m_\mu . u'_\mu(\omega_1) . \sum_{\mu=1}^{p} m_\mu . u'_\mu(\omega_2) \dots \sum_{\mu=1}^{p} m_\mu . u'_\mu(\omega_\varrho)$$

und daher:

7°) $$F = (-2)^\varrho$$

$$\cdot \sum_{m_1=-\infty}^{+\infty} \cdots \sum_{m_p=-\infty}^{+\infty} e^{\Phi((m)) + 2\sum_{\mu=1}^{p} m_\mu (u_\mu(o) - \sum_{\lambda=1}^{p-\varrho} u_\mu(\varepsilon_\lambda) - \sum_{\varkappa=1}^{\varrho} u_\mu(\eta_\varkappa) + K_\mu)}$$

$$\sum_{\mu=1}^{p} m_\mu \cdot u'_\mu(\eta_1) \qquad \sum_{\mu=1}^{p} m_\mu \cdot u'_\mu(\eta_\varrho).$$

Setzen wir nun noch:

8°) $$F = (-2)^\varrho \cdot F_\varrho,$$

so hat $F_\varrho$ als Funktion von $z$ folgende Eigenschaften:

1°) $F_\varrho$ ist in der einfach zusammenhängenden Fläche $T'$ einwertig und stetig, wie sich aus der Form der Reihenentwickelung ergiebt;

2°) $F_\varrho$ ist nicht identisch Null; seine Nullpunkte sind die Punkte des Systems I. Gattung $\varepsilon_1 \ldots \varepsilon_p$;

3°) es ist:

an $a_\lambda$: $\overset{+}{\Theta} = \overset{-}{\Theta}$, $\overset{+}{E} = \overset{-}{E}$, und daher auch $\overset{+}{F}_\varrho = \overset{-}{F}_\varrho$;

„ $b_\lambda$: $\overset{+}{\Theta} = \overset{-}{\Theta} \cdot e^{-a_{\lambda\lambda} - 2(\bar{u}_\lambda(o) - f_\lambda)}$, wo $f_\lambda =$

$$\sum_{\varkappa=1}^{p-\varrho} u_\lambda(\varepsilon_\varkappa) + \sum_{\varkappa=1}^{p} u_\lambda(\omega_\varkappa) - K_\lambda;$$

$$\overset{+}{E} = \overset{-}{E} \cdot e^{-a_{\lambda\lambda} - 2(\bar{u}_\lambda(o) - f_\lambda)},$$

$$\overset{+}{F}_\varrho = \overset{-}{F}_\varrho \cdot \lim e^{-a_{\lambda\lambda} - 2(\bar{u}_\lambda(o) - f_\lambda)} = \overset{-}{F}_\varrho e^{-a_{\lambda\lambda} - 2\bar{u}_\lambda(o)}$$

$$\cdot \lim e^{2 f_\lambda} = e^{-a_{\lambda\lambda} - 2(\bar{u}_\lambda(o) - e_\lambda)} \cdot \overset{-}{F}_\varrho$$

Der Ausdruck $F_\varrho$, der nur mehr Funktion von $z$ allein ist und sich von der ursprünglichen Riemann'schen Primärreihe durch algebraische Faktoren unterscheidet, die zum allgemeinen Gliede hinzugetreten sind, besitzt also alle definierenden funktionentheoretischen Eigenschaften einer $\vartheta$-Funktion. Wir nennen $F_\varrho$ die zum Punktsystem I. Gattung $\varepsilon_1 \ldots \varepsilon_p$ mit dem Überschusse $\varrho$ gehörige Sekundärreihe. —

Wir haben so, mit einer kleinen Abänderung in der Bezeichnung, den

**Satz VI⁰)** Bilden $\varepsilon_1 \ldots \varepsilon_p$ ein Punktsystem I. Gattung vom Überschusse $\varrho$, das so beschaffen ist, daſs die Trennung in notwendige Punkte $\varepsilon_1 \ldots \varepsilon_\varrho$ und wesentliche Punkte $\varepsilon_{\varrho+1}, \ldots \varepsilon_p$ ausgeführt werden kann, und die Punkte $\varepsilon_1 \ldots \varepsilon_\varrho$ nicht in Verzweigungspunkte fallen, so ist die $p$-fach unendliche Reihe:

$$F_\varrho = \sum_{m_1=-\infty}^{+\infty} \ldots \sum_{m_p=-\infty}^{+\infty} e^{\Phi((m)) + 2\sum_{\mu=1}^{p} m_\mu (u(o) - \sum_{\varkappa=1}^{p} u_\mu(\varepsilon_\varkappa) + K_\mu)}$$

$$\cdot \sum_{\mu=1}^{p} u_\mu(\varepsilon_1) \ldots \sum_{\mu=1}^{p} u_\mu(\varepsilon_\varrho)$$

eine nicht identisch verschwindende $\vartheta$-Funktion mit den $p$ elementaren Nullpunkten $\varepsilon_1 \ldots \varepsilon_p$.

Berücksichtigt man, daſs zwischen den Nullpunkten $\varepsilon_1 \ldots \varepsilon_p$ einer $\vartheta$-Funktion und ihren Parametern $e_1 \ldots e_\mu \ldots e_p$ stets $p$ Beziehungen von der Form

$$e_\mu = \sum_{\varkappa=1}^{p} u_\mu(\varepsilon_\varkappa) - K_\mu - (gh)_\mu \qquad (\mu = 1, \ldots p)$$

bestehen, so erkennt man unmittelbar, daſs $F_\varrho$ bis auf einen von Null verschiedenen Faktor identisch ist mit der Funktion:

$$9^0) \quad \vartheta_\varrho((u_\mu - e_\mu)) = \sum_{m_1=-\infty}^{+\infty} \ldots \sum_{m_p=-\infty}^{+\infty} e^{\Phi((m)) + 2\sum_{\mu=1}^{p} m(u_\mu - e_\mu)}$$

$$\cdot \sum_{\mu=1}^{p} m_\mu u'_\mu(\varepsilon_1) \ldots \sum_{\mu=1}^{p} m_\mu u'_\mu(\varepsilon_\varrho).$$

Sind umgekehrt die Parameter $e_1 \ldots e_\mu \ldots e_p$ gegeben und lassen sich dieselben auf irgend welche Art in die Form

$$e_\mu = \sum_{\varkappa=1}^{p} u_\mu(\varepsilon_\varkappa) - K_\mu - (gh)_\mu \qquad (\mu = 1, 2 \ldots p)$$

bringen, so daſs $\varepsilon_1 \ldots \varepsilon_p$ ein Punktsystem I. Gattung vom Überschusse $\varrho$ mit den im Satz VI⁰) angegebenen Eigenschaften bilden, so stellt der Ausdruck $\vartheta_\varrho((u_\mu - e_\mu)$ in 9°) eine nicht identisch verschwindende $\vartheta$-Funktion mit den Parametern $e_1 \ldots e_p$ dar. — Dieser Ausdruck ist jedoch nicht der einzige seiner Art. Bezeichnen nämlich $0_1 \ldots 0_\varrho$ irgend $\varrho$ Punkte, durch deren Lage ein zu $\varepsilon_1 \ldots \varepsilon_p$ corresiduales Punktsystem eindeutig bestimmt wird, so stellt jeder Ausdruck von der Form

$$\sum_{m_1=-\infty}^{+\infty} \sum_{m_p=-\infty}^{+\infty} e^{\Phi((m)) + 2\sum_{\mu=1}^{p} m_\mu (u_\mu - e_\mu)}$$

$$\cdot \sum_{\mu=1}^{p} m_\mu \cdot u'_\mu(0_1) \ldots \sum_{\mu=1}^{p} m_\mu \cdot u'_\mu(0_\varrho)$$

eine nicht identisch verschwindende $\vartheta$-Funktion mit den Parametern $e_1 \ldots e_p$ dar. — Dies giebt den

**Satz VII°)** Lassen sich die Parameter $e_1 \ldots e_\mu \ldots e_p$ auf irgend welche Art in die Form

$$e_\mu = \sum_{\varkappa=1}^{p} u_\mu(\varepsilon_\varkappa) - K_\mu - (gh)_\mu \qquad (\mu = 1, 2 \ldots p)$$

bringen, wo $\varepsilon_1 \ldots \varepsilon_p$ ein Punktsystem I. Gattung vom Überschusse $\varrho$ mit den in Satz VI°) angegebenen Eigenschaften bilden, so giebt es unendlich viele $\vartheta$-Funktionen mit diesen Parametern, und ihr allgemeiner Ausdruck ist die Sekundärreihe

10°) $$\vartheta_\varrho((u_\mu - e_\mu)) = \sum_{m_1} \ldots \sum_{m_p} e^{\Phi((m)) + 2\sum_\mu m_\mu (u_\mu - e_\mu)}$$

$$\cdot \sum_{\mu=1}^{p} m_\mu \cdot u'_\mu(0_1) \ldots \sum_{\mu=1}^{p} m_\mu \cdot u'_\mu(0_\varrho),$$

in der die $\varrho$ Punkte $0_1 \ldots 0_\varrho$ unabhängig variabel und nur der Einschränkung unterworfen sind, dafs sie ein zu $\varepsilon_1 \ldots \varepsilon_p$ korresiduales Punktsystem eindeutig bestimmen. Dieses durch $0_1 \ldots 0_\varrho$ eindeutig bestimmte, zu $\varepsilon_1 \ldots \varepsilon_p$ corresiduale Punktsystem ist das Nullpunktsystem der Funktion 10°).

Es läfst sich im Anschlufs an das Vorige nun auch noch nachweisen, dafs, wenn die Parameter $e_1 \ldots e_\mu \ldots e_p$ sich auf irgend eine Art in die Form

$$e_\mu = \sum_{\varkappa=1}^{p} u_\mu(\varepsilon_\varkappa) - K_\mu = (gh)_\mu \qquad (\mu = 1, 2 \ldots p)$$

bringen lassen, wo $\varepsilon_1 \ldots \varepsilon_p$ ein Punktsystem I. Gattung vom Überschusse $\varrho$ bilden, nicht nur die Riemann'sche Primärreihe $\vartheta((u_\mu - e_\mu))$ selbst, sondern auch alle ihre partiellen Derivierten von der ersten bis zur $(\varrho - 1)^{\text{ten}}$ Ordnung einschliefslich identisch verschwinden, aber nicht mehr alle partiellen Derivierten von der Ordnung $\varrho$. Für den Beweis dieses Satzes verweisen wir auf die schon öfter erwähnte Abhandlung von Christoffel*) und auf die Abhandlung von Herrn Rost: „Theorie der Riemann'schen $\vartheta$-Funktion."

Aus den Resultaten dieses Paragraphen ergiebt sich noch, mit Anwendung des Abel'schen Theorems für Integrale I. Gattung, der weitere

**Satz VIII°.)** Ist die mit den Parametern $e_1 \ldots e_\mu \ldots e_p$ gebildete Riemann'sche Primärreihe $\vartheta((u_\mu - e_\mu))$ nicht identisch Null, so lassen sich die Kongruenzen

$$11^{\circ}) \qquad e_\mu \equiv \sum_{\varkappa=1}^{p} u_\mu(\varepsilon_\varkappa) - K_\mu \qquad (\mu = 1, 2 \ldots p)$$

nur auf **eine** Art lösen, und ihre Lösung wird gebildet durch das System der Nullpunkte der Funktion $\vartheta((u_\mu - e_\mu))$. Verschwindet dagegen $\vartheta((u_\mu - e_\mu))$ identisch, mit allen ihren partiellen Derivierten bis zur $(\varrho - 1)^{\text{ten}}$ Ordnung, einschliefslich, die von der $\varrho^{\text{ten}}$ Ordnung aber nicht mehr sämtlich, so lassen sich die Kongruenzen 11°) auf unendlich viele Arten lösen, und die Lösungssysteme bilden korresiduale Punktsysteme I. Gattung vom Überschusse $\varrho$.

---

* Der von Christoffel für diesen Satz gegebene Beweis gründet sich auf die Betrachtung einer Sekundärreihe $\varrho^{\text{ter}}$ Ordnung, ist aber, da die daselbst aufgestellte Form der Sekundärreihe für gewisse spezielle Punktsysteme der Klasse versagt, nicht ganz vollständig.

Schreibt man in 11.°) für $e_\mu + K_\mu$ abkürzend $v_\mu$, wo die $v_\mu$ nun ebenso beliebig sind, wie bisher die $e_\mu$, so läſst sich der vorige Satz auch aussprechen, wie folgt:

**Satz VIII.°)** Das durch die Kongruenzen

12.°)
$$\sum_{\varkappa=1}^{p} u_\mu(\varepsilon_\varkappa) \equiv v_\mu \qquad (\mu = 1, 2 \ldots p)$$

definierte Jacobi'sche Umkehrproblem ist stets lösbar. Die Lösung ist eine eindeutige, wenn die mit den Parametern $v_\mu - K_\mu$ gebildete Riemann'sche Primärreihe nicht identisch verschwindet, und die Punkte $\varepsilon_1 \ldots \varepsilon_p$ bilden dann das System der Nullpunkte der Funktion $\vartheta((u_\mu - v_\mu + K_\mu))$. Ist dagegen diese Funktion mit allen ihren partiellen Derivierten bis zur $(\varrho-1)^{\text{ten}}$ Ordnung einschlieſslich identisch Null, sind die partiellen Derivierten von der Ordnung $\varrho$ aber nicht mehr alle identisch Null, so hat das Umkehrproblem 12.°) $\infty^\varrho$ Lösungen, und alle diese Lösungen sind corresiduale Punktsysteme I. Gattung vom Überschusse $\varrho$.

Dieser Satz ist eine Vervollständigung von Satz IV.°, § 5). — Wir wenden ihn auf das in § 1) formulierte Jacobi'sche Umkehrproblem an. Dasselbe lautete:

Gegeben sind $p$ willkürliche komplexe Gröſsen $v_1 \ldots v_\mu \ldots v_p$; die variablen Punkte $\varepsilon_1 \ldots \varepsilon_p$ als Funktionen dieser Gröſsen $v_\mu$ zu bestimmen mit Hilfe der Kongruenzen:

13.°)
$$\begin{cases} u_1^{\varepsilon_1 c_1} + u_1^{\varepsilon_2 c_2} + \ldots + u_1^{\varepsilon_\varkappa c_\varkappa} + \ldots + u_1^{\varepsilon_p c_p} \equiv v_1, \\ u_\mu^{\varepsilon_1 c_1} + u_\mu^{\varepsilon_2 c_2} + \ldots + u_\mu^{\varepsilon_\varkappa c_\varkappa} + \ldots + u_\mu^{\varepsilon_p c_p} \equiv v_\mu, \\ u_p^{\varepsilon_1 c_1} + u_p^{\varepsilon_2 c_2} + \ldots + u_p^{\varepsilon_\varkappa c_\varkappa} + \ldots + u_p^{\varepsilon_p c_p} \equiv v_p, \end{cases}$$

worin $c_1 \ldots c_\varkappa \ldots c_p$ beliebig angenommene Punkte sind, und allgemein $u_\mu^{\varepsilon_\varkappa c_\varkappa} = \int_{c_\varkappa}^{\varepsilon_\varkappa} du_\mu$ ist. Das Kongruenzzeichen $\equiv$ deutet dabei an, dafs die (nicht auf die einfach zusammenhängende Fläche $T'$ beschränkten) Integrationswege für je $p$ in den Kongruenzen 13°) übereinanderstehenden Integrale dieselben sind, dafs also die linken Seiten von 13°) den rechten Seiten gleich sind bis auf Systeme

$$(gh)_\mu = g_\mu \pi i + \sum_{\lambda=1}^{p} h_\lambda a_{\mu\lambda}$$

von Simultanperioden.

In den Kongruenzen

$$\sum_{\varkappa=1}^{p} u_\mu(\varepsilon_\varkappa) \equiv e_\mu + K_\mu, \qquad (\mu = 1 \ldots p)$$

in denen die unteren Grenzen $\gamma_1 \ldots \gamma_\mu \ldots \gamma_p$ für die verschiedenen Integrale I. Gattung $u_1 \ldots u_\mu \ldots u_p$ im allgemeinen verschieden, für dasselbe Integral aber, auch bei verschiedenen oberen Grenzen $\varepsilon_\varkappa$ dieselben sind, ändern wir nun die unteren Grenzen so, dafs sie mit den Grenzen $c_1, c_2 \ldots c_\varkappa \ldots c_p$ in 13°) übereinstimmen. Berücksichtigt man dann, dafs

$$\sum_{\varkappa=1}^{p} u_\mu^{\varepsilon_\varkappa \gamma_\mu} = u_\mu^{\varepsilon_1 c_1} + u_\mu^{\varepsilon_2 c_2} + \ldots + u_\mu^{\varepsilon_p c_p} - k_\mu \equiv v_\mu - k_\mu$$

ist, wo $v_\mu$ denselben Sinn hat wie in 13°) und

14°) $$k_\mu = u_\mu^{\gamma_\mu c_1} + u_\mu^{\gamma_\mu c_2} + \ldots + u_\mu^{\gamma_\mu c_p}$$

ist, so erhält man

15°) $$v_\mu \equiv e_\mu + K_\mu + k_\mu,$$

und es ergiebt sich aus Satz VIII$_a^0$):

**Satz IX°)** Das durch die Kongruenzen 13°) definierte Jacobi'sche Umkehrproblem ist stets lösbar, und zwar ist die Lösung im allgemeinen eine eindeutige. Unendlich vieldeutig ist die Lösung nur dann, wenn die mit den Parametern $v_\mu - K_\mu - k_\mu$ gebildete Riemann'sche Primärreihe

$$\vartheta((u_\mu - v_\mu + K_\mu + k_\mu))$$

identisch verschwindet.

## § 7. Über $\vartheta$-Funktionen mit zweiteiligen Charakteristiken und Berührungsfunktionen.

Es sei $\tau$ eine Funktion der Klasse von der Form

1°) $$\tau = \frac{\psi\left(\overset{n-1}{s}, \overset{m-1}{z}\right)}{(as + bz + c) \,.\, F'},$$

wo $\psi\left(\overset{n-1}{s}\ \overset{m-1}{z}\right)$ eine ganze Funktion von $s$ und $z$ von den angeschriebenen Graden, und $F' = \frac{\partial F}{\partial s}$ sei, wenn $F$ das Polynom der definierenden Grundgleichung der Klasse bezeichnet. — Durch geeignete Verfügung über die in $\tau$ auftretenden konstanten Koeffizienten suchen wir dieser Funktion ausgezeichnete Eigenschaften aufzuprägen.

Nimmt man die Grundgleichung $F\left(\overset{n}{s}, \overset{m}{z}\right) = 0$ als normalisiert an in dem früher festgelegten Sinne, so liefert die Elimination von $z$ oder $s$ aus den zwei Gleichungen

$$F\left(\overset{n}{s}, \overset{m}{z}\right) = 0\,, \qquad as + bz + c = 0$$

eine Gleichung vom Grade $m + n$. Die ganze Funktion

2°) $$l = as + bz + c$$

von $s$ und $z$ besitzt also in $T$ genau $m + n$ Nullpunkte 1. Ordnung. Durch passende Bestimmung der zwei in $l$ vorkommenden verfügbaren Konstantenverhältnisse denken wir uns nun erreicht, dafs $l$ in einem vorgeschriebenen Punkte $\varepsilon$ gleich $0^2$ wird; dadurch sind dann die übrigen $m + n - 2$ Nullpunkte von $l$ festgelegt. Eine so bestimmte Funktion $l$ mit einem Nullpunkt 2. Ordnung im Punkte $\varepsilon$, bezeichnen wir mit $l_\varepsilon$.*)

Die den Zähler von $\tau$ bildende Funktion $\psi$ besitzt in $T$ $m(n-1) + n(m-1)$ Nullpunkte 1. Ordnung und enthält $mn$ konstante Koeffizienten. Über diese Koeffizienten verfügen wir so, dafs $\psi = 0^1$ wird in den $m + n - 2$ von

*) Für die Entwickelungen dieses Paragraphen siehe die Abhandlung von Herrn H. Weber: Zur Theorie der Umkehrung der Abel'schen Integrale, Crelle's Journal, Band 70, pag. 314—345.

$\varepsilon$ verschiedenen Nullpunkten von $l_\varepsilon$ und aufserdem noch in den $r$ Punktepaaren, in denen zugleich $\frac{\partial F}{\partial s}$ und $\frac{\partial F}{\partial z}$ verschwinden, d. h. in den Doppelpunkten von $s$. Ist dies geschehen, so enthält $\psi$ noch

$$m \,.\, n-(m+n-2)-r=(m-1)(n-1)-r+1=p+1$$

verfügbare Konstanten, und die Anzahl der durch die bisherigen Koeffizientenbestimmungen noch nicht festgelegten Nullpunkte 1. Ordnung von $\psi$ in $T$ beträgt:

$$m(n-1)+n(m-1)-(m+n-2)-2r=2(m-1)(n-1)-2r=2p.$$

Über die $p$ Verhältnisse der $p+1$ in $\psi$ noch vorhandenen willkürlichen Koëffizienten denken wir uns schliefslich so verfügt, dafs von den $2p$ noch unbestimmten Nullpunkten von $\psi$ je zwei in einen zusammenfallen. Die so entstehenden doppelten Nullpunkte von $\psi$ bezeichnen wir mit $c_1, c_2 \ldots c_p$.

Eine Funktion $\psi$ mit den im Vorigen erwähnten Eigenschaften nennen wir eine Berührungsfunktion und bezeichnen sie, da die Nullpunkte 2. Ordnung $c_1 \ldots c_p$ jedenfalls von der Lage des willkürlich wählbaren Punktes $\varepsilon$ abhängen, mit $\Psi_{\varepsilon c}$. Die Nullpunkte $c_1 \ldots c_p$ solcher Funktionen werden in den weiteren Entwickelungen dieses Paragraphen eine hervorragende Rolle spielen.

Bezeichnen $\gamma_1 \ldots \gamma_\mu \quad \gamma_p$ die unteren Grenzen der Normalintegrale I. Gattung $u_1 \quad u_\mu \ldots u_p$ in der $\vartheta$-Funktion

$$3^0) \qquad \vartheta\,((u_\mu^{\,z\gamma_\mu}-\sum_{\varkappa=1}^{p} u_\mu^{\,\varepsilon_\varkappa \gamma_\varkappa}+K_\mu)),$$

worin $K_1 \ldots K_\mu \ldots K_p$ die diesen unteren Grenzen entsprechenden, durch diese Grenzen und die Lage der Querschnitte $a_\lambda$, $b_\lambda$ $(\lambda=1, \quad p)$ vollständig bestimmten Werte der Riemann'schen Konstanten bezeichnen, so hat die $\vartheta$-Funktion, wenn sie nicht identisch verschwindet, d. h. wenn $\varepsilon_1 \ldots \varepsilon_\varkappa \ldots \varepsilon_p$ kein Punktsystem I. Gattung bilden, diese Punkte $\varepsilon_1 \ldots \varepsilon_\varkappa \ldots \varepsilon_p$ zu Nullpunkten 1. Ordnung. Soll nun die $\vartheta$-Funktion

$$4^0) \qquad \vartheta\,((u_\mu^{\,z\varepsilon}-\sum_{\varkappa=1}^{p} u_\mu^{\,\varepsilon_\varkappa \eta_\varkappa}+k_\mu)),$$

worin $\eta_1 \quad \eta_\varkappa \ldots \eta_p$ beliebige Punkte bezeichnen, und $k_1 \ldots k_\mu \ldots k_p$ noch zu bestimmende Konstanten sind, dieselben Nullpunkte $\varepsilon_1 \ldots \varepsilon_\varkappa \ldots \varepsilon_p$ haben, so müssen die Argumente der 2 $\vartheta$-Funktionen 3°.) und 4°.) bis auf Systeme von Simultanperioden einander gleich sein, d. h. es müssen die $p$ Beziehungen bestehen:

$$u_\mu^{z\gamma_\mu} - \sum_{\varkappa=1}^{p} u_\mu^{\varepsilon_\varkappa \gamma_\mu} + K_\mu \equiv u_\mu^{z\varepsilon} - \sum_{\varkappa=1}^{p} u_\mu^{\varepsilon_\varkappa \eta_\mu} + k_\mu,$$

$$(\mu = 1, \quad p)$$

oder

$$5^0.)\qquad k_\mu \equiv u_\mu^{\varepsilon\gamma_\mu} - \sum_{\varkappa=1}^{p} u_\mu^{\eta_\varkappa \gamma_\mu} + K_\mu.$$

Durch diese Beziehungen sind die Konstanten $k_1 \ldots k_\mu \ldots k_p$ bis auf Systeme von Simultanperioden eindeutig bestimmt, und zwar, wie 5°.) zeigt, unabhängig von $z$, $\varepsilon_1 \ldots \varepsilon_\varkappa \ldots \varepsilon_p$. Dies giebt den

**Satz I°.)** Bezeichnen $\varepsilon, \eta_1 \ldots \eta_\varkappa \ldots \eta_p$ beliebige Punkte von $T$, so lassen sich die Konstanten $k_1 \ldots k_\mu \ldots k_p$ unabhängig von $z$, $\varepsilon_1 \quad .. \varepsilon_\varkappa \ldots \varepsilon_p$ so bestimmen, dafs die $\vartheta$-Funktion

$$\vartheta\,((u_\mu^{z\varepsilon} - \sum_{\varkappa=1}^{p} u_\mu^{\varepsilon_\varkappa \eta_\varkappa} + k_\mu)),$$

falls sie nicht identisch verschwindet, die Punkte $\varepsilon_1 \quad \varepsilon_\varkappa \ldots \varepsilon_p$ zu Nullpunkten 1. Ordnung hat.

Nehmen wir jetzt für die bisher beliebigen Punkte $\eta_1 \quad \eta_\varkappa \ldots \eta_p$ die Nullpunkte 2. Ordnung $c_1 \ldots c_p$ der Berührungsfunktion $\psi_{\varepsilon c}$, so lassen sich die zugehörigen Werte der Konstanten $k_1 \ldots k_\mu \ldots k_p$ in sehr einfacher Weise bestimmen.

Läfst man nämlich in der $\vartheta$-Funktion

$$6^0.)\qquad \vartheta\,((u_\mu^{z\varepsilon} - \sum_{\varkappa=1}^{p} u_\mu^{\varepsilon_\varkappa c_\varkappa} + k_\mu)),$$

in der die $k_\mu$ so bestimmt seien, dafs diese Funktion in den Punkten $\varepsilon_1 \ldots \varepsilon_p$ gleich $0^1$ wird, den variabelen Punkt $z$ mit $\varepsilon_1$

zusammenfallen, und berücksichtigt man, daſs die $\vartheta$-Funktion eine gerade Funktion ihrer Argumente ist, so behält man für beliebige Lagen von $\varepsilon_2, \ldots \varepsilon_p$ die Beziehung:

$$7^0)\qquad \vartheta\left(\left(u_\mu^{\varepsilon c_1} + \sum_{\varkappa=2}^{p} u_\mu^{\varepsilon_\varkappa c_\varkappa} - k_\mu\right)\right) = 0.$$

Bezeichnet man nun, wie gewöhnlich, mit $\varphi$ den Zähler des allgemeinen Integranden I. Gattung, so wird die Funktion der Klasse

$$\tau_1 = \frac{l_\varepsilon \,.\, \varphi}{\psi_{\varepsilon c}},$$

in der die von $\varepsilon$ verschiedenen $m + n - 2$ Nullpunkte von $l_\varepsilon$ auch Nullpunkte des Nenners $\psi_{\varepsilon c}$ sind, gleich $0^2$ im Punkte $\varepsilon_1$, $= 0^1$ in der $2p - 2$ verfügbaren Nullpunkten von $\varphi$ und $= \infty^2$ in den $p$ Nullpunkten 2. Ordnung $c_1 \ldots c_p$ von $\psi_{\varepsilon c}$. Verfügen wir nun noch über die $p$ konstanten Koeffizienten von $\varphi$ so, daſs $\varphi = 0^1$ wird in $\varepsilon_2 \ldots \varepsilon_p$, so sind dadurch, falls die $\vartheta$-Funktion 6⁰) nicht identisch Null ist, was wir ausschlieſsen, auch die $p - 1$ übrigen Nullpunkte $\varepsilon'_2, \ldots \varepsilon'_p$ von $\varphi$ vollständig bestimmt. Nach dem Abel'schen Theorem für Integrale I. Gattung hat man dann:

$$2\,u_\mu^{\varepsilon c_1} + \sum_{\varkappa=2}^{p} u_\mu^{\varepsilon_\varkappa c_\varkappa} + \sum_{\varkappa=2}^{p} u_\mu^{\varepsilon'_\varkappa c_\varkappa} \equiv 0,$$

oder

$$u_\mu^{\varepsilon c_1} + \sum_{\varkappa=2}^{p} u_\mu^{\varepsilon_\varkappa c_\varkappa} \equiv -\left[u_\mu^{\varepsilon c_1} + \sum_{\varkappa=2}^{p} u_\mu^{\varepsilon'_\varkappa c_\varkappa}\right].$$

$$(\mu = 1, 2 \quad p.)$$

In 7⁰) können wir also die Argumente

$$u_\mu^{\varepsilon c_1} + \sum_{\varkappa=2}^{p} u_\mu^{\varepsilon_\varkappa c_\varkappa} - k_\mu$$

ersetzen durch die bis auf Systeme von Simultanperioden gleichen Argumente:

$$-\left[u_\mu^{\varepsilon c_1} + \sum_{\varkappa=2}^{p} u_\mu^{\varepsilon'_\varkappa c_\varkappa} + k_\mu\right]$$

und erhalten, da die $\vartheta$-Funktion gerade Funktion ihrer Argumente ist, neben 7°) die weitere Gleichung:

8°) $$\vartheta\left(\left(u_\mu^{\varepsilon c_1} + \sum_{\varkappa=2}^{p} u_\mu^{\varepsilon'_\varkappa c_\varkappa} + k_\mu\right)\right) = 0.$$

Nun sind aber die Punkte $\varepsilon'_2 \ldots \varepsilon'_p$ in 8°) ebenso willkürlich wie die Punkte $\varepsilon_2 \ldots \varepsilon_p$ in 7°), und jedes dieser Punktsysteme ist durch das andere bestimmt. Da also in 7°) nur die Punkte $\varepsilon_2 \ldots \varepsilon_p$, in 8°) nur die Punkte $\varepsilon'_2 \ldots \varepsilon'_p$ vorkommen, so folgt, dafs die 2 $\vartheta$-Funktionen

$$\vartheta\left(\left(u_\mu^{z\varepsilon} - \sum_{\varkappa=1}^{p} u_\mu^{\varepsilon_\varkappa c_\varkappa} + k_\mu\right)\right)$$

und

$$\vartheta\left(\left(u_\mu^{z\varepsilon} - \sum_{\varkappa=1}^{p} u_\mu^{\varepsilon_\varkappa c_\varkappa} - k_\mu\right)\right)$$

dieselben Nullpunkte $\varepsilon_1 \ldots \varepsilon_p$ haben. Dies ist aber nur möglich, wenn ihre Argumente sich um Systeme ganzer Simultanperioden unterscheiden, d. h. wenn

$$2\, k_\mu = (g\, h)_\mu$$

ist. Die Gröfsen $k_\mu$ selbst sind also Systeme halber Simultanperioden: d. h.

9°) $$k_\mu = \frac{1}{2}(gh)_\mu = \frac{1}{2}\left(g_\mu \pi i + \sum_{\lambda=1}^{p} h_\lambda a_{\mu\lambda}\right), \quad (\mu = 1, 2 \ldots p),$$

wo die ganzen Zahlen $g_1 \ldots g_p$, $h_1 \ldots h_p$ auf ihre Reste 0 oder 1 (modulo 2) reduziert werden können. — Aus dem Vorigen ergiebt sich der

**Satz II°)** In der $\vartheta$-Funktion

10°) $$\vartheta\left(\left(u_\mu^{z\varepsilon} - \sum_{\varkappa=1}^{p} u_\mu^{\varepsilon_\varkappa c_\varkappa} + \frac{1}{2}(gh)_\mu\right)\right),$$

worin $c_1 \quad c_\varkappa \ldots c_p$ die Nullpunkte 2. Ordnung einer zum Punkt $\varepsilon$ gehörigen Berührungsfunktion $\psi_{\varepsilon c}$ sind, lassen sich stets die ganzen Zahlen $g_1 \dots g_p, \dots h_1 \dots h_p$ so bestimmen, dafs diese Funktion, falls sie nicht identisch verschwindet, gleich 0[1] wird in den Punkten $\varepsilon_1 \dots \varepsilon_\varkappa \dots \varepsilon_p$,

oder auch

in der $\vartheta$-Funktion mit zweiteiliger Charakteristik $\begin{bmatrix} h \\ g \end{bmatrix}$

$$11^{\circ}) \qquad \vartheta \begin{bmatrix} h \\ g \end{bmatrix} \left( \left( u_\mu^{z\varepsilon} - \sum_{\varkappa=1}^{p} u_\mu^{\varepsilon_\varkappa c_\varkappa} \right) \right)$$

läfst sich diese Charakteristik $\begin{bmatrix} h \\ g \end{bmatrix}$ stets so bestimmen, dafs diese Funktion, falls sie nicht identisch Null ist, gerade in den Punkten $\varepsilon_1 \dots \varepsilon_\varkappa \dots \varepsilon_p$ verschwindet.

Durch diesen Satz wird jeder zu einem Punkte $\varepsilon$ gehörigen Berührungsfunktion $\psi_{\varepsilon c}$ mit den Nullpunkten 2. Ordnung $c_1 \dots c_\varkappa \dots c_p$ eine $\vartheta$-Funktion mit bestimmter zweiteiliger Charakteristik zugewiesen. Umgekehrt läfst sich aber auch zu jedem System

$$k_\mu = \frac{1}{2} (gh)_\mu, \qquad (\mu = 1, 2 \dots p)$$

von halben Simultanperioden, also zu jeder gegebenen zweiteiligen Charakteristik $\begin{bmatrix} h \\ g \end{bmatrix}$, ein System unterer Grenzen $c_1 \dots c_\varkappa \dots c_p$ nachweisen, so dafs die $\vartheta$-Funktionen 10°) und 11°) in den Punkten $\varepsilon_1 \dots \varepsilon_\varkappa \dots \varepsilon_p$ verschwinden, und dafs diese Punkte $c_1 \dots c_p$ die Nullpunkte 2. Ordnung einer Berührungsfunktion $\psi_{\varepsilon c}$ sind.

Angenommen, es seien, was nach Satz I°) dieses Paragraphen immer möglich ist, die Konstanten $G_1 \dots G_\mu \dots G_p$ so bestimmt, dafs die Funktion

$$12^{\circ}) \qquad \vartheta \left( \left( u_\mu^{z\varepsilon} - \sum_{\varkappa=1}^{p} u_\mu^{\varepsilon_\varkappa \gamma_\varkappa} + G_\mu \right) \right),$$

wo $\gamma_1 \dots \gamma_\varkappa \dots \gamma_p$ beliebige untere Grenzen bedeuten, falls sie nicht identisch Null ist, in den Punkten $\varepsilon_1 \dots \varepsilon_p$ verschwindet.

Bestimmt man dann Punkte $c_1 \dots c_\varkappa \dots c_p$ mit Hilfe der Umkehrkongruenzen:

$$13^0)\qquad \sum_{\varkappa=1}^{p} u_\mu^{c_\varkappa \gamma_\varkappa} \equiv G_\mu - k_\mu ,$$

was nach Satz IX), § 6.$^0$), stets möglich ist, so geht die Funktion 12.$^0$) über in die Funktion

$$14^0)\qquad \vartheta\left(\left(u_\mu^{z\varepsilon} - \sum_{\varkappa=1}^{p} u_\mu^{\varepsilon_\varkappa c_\varkappa} + k_\mu\right)\right),$$

die gleichfalls in $\varepsilon_1 \dots \varepsilon_\varkappa \dots \varepsilon_p$ verschwindet, falls sie nicht vermöge der Wahl dieser Punkte $\varepsilon_1 \dots \varepsilon_p$ identisch verschwindet.

Hiermit ist der erste Teil der oben aufgestellten Behauptung erwiesen. Für den Nachweis dafür, dafs die eben ermittelten unteren Grenzen $c_1 \dots c_p$ die Nullpunkte 2. Ordnung einer Berührungsfunktion $\psi_{\varepsilon c}$ sind, verweisen wir auf die bereits erwähnte Abhandlung von Herrn Weber, § 5.

Jedem System $k_1 \dots k_\mu \dots k_p$ von halben Simultanperioden entspricht also eine Berührungsfunktion $\psi_{\varepsilon c}$, die in den Punkten $c_1 \dots c_p$ gleich $0^2$ wird. Kongruente Systeme halber Perioden sind dabei nicht als wesentlich verschieden anzusehen; nach dem Modulus 2 inkongruente Systeme $k_1 \dots k_p$ können dagegen nie zu demselben Punktsystem $c_1 \dots c_p$ führen, weil dies den Kongruenzen 13.$^0$) widersprechen würde. Es giebt also, dem Punkt $\varepsilon$ zugeordnet, ebenso viele Punktsysteme $c_1 \dots c_p$ und auch ebenso viele Berührungsfunktionen $\psi_{\varepsilon c}$, als es inkongruente Systeme halber Simultanperioden giebt. Diese Anzahl beträgt $2^{2p}$; sie ist gleich der Anzahl der wesentlich verschiedenen $\vartheta$-Funktionen mit zweiteiliger Charakteristik. Nur wenn das durch die Kongruenzen 13.$^0$) definierte Umkehrproblem $\infty$ viele Lösungen besäfse, würde es mehr als $2^{2p}$, nämlich $\infty$ viele Punktsysteme $c_1 \dots c_p$ und also auch $\infty$ viele $\psi_{\varepsilon c}$ zu demselben Punkte $\varepsilon$ geben.

Durch die vorhergehenden Betrachtungen wird auch jeder $\vartheta$-Funktion mit gegebener zweiteiliger Charakteristik $\begin{bmatrix} h \\ g \end{bmatrix}$ eine bestimmte Berührungsfunktion zugeordnet, und diese

Zuordnung ist abhängig von der Wahl des zu Grunde gelegten Querschnittsystems $u_\lambda$, $b_\lambda$ $(\lambda = 1 \ldots p)$ von $T'$

Das einem System $k_1 \ldots k_\mu \ldots k_p$ von halben Simultanperioden entsprechende Punktsystem $c_1 \ldots c_\varkappa \ldots c_p$ ist im Vorigen dadurch definiert worden, daſs die $\vartheta$-Funktion 14°.) in den beliebigen Punkten $\varepsilon_1 \ldots \varepsilon_\varkappa \ldots \varepsilon_p$ verschwinde. Lassen wir diese Punkte $\varepsilon_1 \ldots \varepsilon_\varkappa \ldots \varepsilon_p$ mit $c_1 \ldots c_\varkappa \ldots c_p$ zusammenfallen, so können wir die Punkte $c_1 \ldots c_p$ auch definieren als diejenigen Punkte, in denen die $\vartheta$-Funktion

15°.) $$\vartheta\left(\left(u_\mu^{z\varepsilon} \pm k_\mu\right)\right)$$

gleich 0[1] wird, wenn sie nicht identisch Null ist. Ist eine $\vartheta$-Funktion 15°.) mit gegebenen $k_1 \ldots k_p$ nicht identisch Null, so liefert sie diesem System der $k_\mu$ entsprechend ein ganz bestimmtes Punktsystem $c_1 \ldots c_p$, und ordnet also diesem System der $k_\mu$ und auch der $\vartheta$-Funktion, deren zweiteilige Charakteristik aus diesem System $k_1 \ldots k_p$ hervorgeht, eine ganz bestimmte Berührungsfunktion $\psi_{\varepsilon c}$ zu. Ist die $\vartheta$-Funktion 15°.) identisch Null, so sind die Punkte $c_1 \ldots c_p$ nicht mehr eindeutig bestimmt. Die Frage nach der eindeutigen Lösbarkeit der Umkehrkongruenzen 13°.) ist damit zurückgeführt auf die Frage, ob Funktionen von der Form 15°.) identisch verschwinden können.

Zunächst giebt es auf jeden Fall ein System $k_1 \ldots k_p$ halber Simultanperioden, für welche die zugehörige $\vartheta$-Funktion 15°.) nicht identisch verschwindet, nämlich das System

$$k_\mu = 0. \qquad (\mu = 1, 2 \ldots p)$$

In der That kann die $\vartheta$-Funktion

16°.) $$\vartheta\left(\left(u_\mu^{z\varepsilon}\right)\right)$$

nur unter ganz speziellen Voraussetzungen identisch verschwinden, weil sonst

$$\vartheta((0)) = 0$$

sein müſste, was nicht einmal im speziellen Falle der hyperelliptischen Integrale, wie wir später sehen werden, allgemein zutrifft. Die $\vartheta$-Funktion 16°.) liefert also ein ganz bestimmtes System von Punkten $c_1 \dots c_p$, die wir mit $c_1^0 \dots c_\varkappa^0 \dots c_p^0$ bezeichnen. — Gehen wir nun wieder zu unserer ursprünglichen Definition der Punkte $c_1 \dots c_p$ als unterer Grenzen in der $\vartheta$-Funktion 14°) zurück, so haben wir den

**Satz III°)** Die dem System $k_\mu = 0$ $(\mu = 1, 2 \dots p)$ entsprechenden Punkte $c_1^0 \dots c_\varkappa^0 \dots c_p^0$, die Nullpunkte der $\vartheta$-Funktion $\vartheta\left(\left(u_\mu^{z\varepsilon}\right)\right)$, haben die Eigenschaft, daſs die mit ihrer Hilfe gebildete $\vartheta$-Funktion

17°) $$\vartheta\left(\left(u_\mu^{z\varepsilon} - \sum_{\varkappa=1}^{p} u_\mu^{\varepsilon_\varkappa c_\varkappa^0}\right)\right)$$

geraden in den $p$ Punkten $\varepsilon_1 \dots \varepsilon_\varkappa \dots \varepsilon_p$ verschwindet.

Bezüglich der übrigen $2^{2p} - 1$ inkongruenten Systeme $k_1 \dots k_\mu \dots k_p$ halber Simultanperioden läſst sich (siehe H. Weber, Crelles Journal, Band 70, pag. 329) ohne Schwierigkeit nachweisen, daſs bei allgemeinen Moduln der Klasse der Punkt $\varepsilon$ immer so angenommen werden kann, daſs keine Funktion von der Form 15°) identisch verschwindet. Bei allgemeinen Moduln der Klasse kann man also über die Lage des Punktes $\varepsilon$ stets so verfügen, daſs jedem System $k_1 \dots k_p$ halber Simultanperioden, also auch jeder $\vartheta$-Funktion mit zweiteiliger Charakteristik, ein ganz bestimmtes Punktsystem $c_1 \dots c_p$ und daher auch eine ganz bestimmte Berührungsfunktion $\psi_{\varepsilon c}$ entspricht.

Berücksichtigt man nun, daſs die einem System $k_1 \dots k_p$ halber Simultanperioden entsprechenden Punkte $c_1 \dots c_p$ die Nullpunkte der $\vartheta$-Funktion 15°) sind, so ergiebt sich aus Satz III°) unmittelbar:

**Satz IV°)** Ist $c_1 \dots c_p$ das dem System $k_1 \dots k_\mu \dots k_p$ halber Simultanperioden entsprechende Punktsystem, so verschwindet die $\vartheta$-Funktion

18°) $$\vartheta\left(\left(u_\mu^{z\varepsilon} - \sum_{\varkappa=1}^{p} u_\mu^{c_\varkappa c_\varkappa^0}\right)\right)$$

als Funktion von $z$ gerade in den Punkten $c_1 \ldots c_\varkappa \ldots c_p$ und es sind die Kongruenzen

$$k_\mu \equiv \sum_{\varkappa=1}^{p} u_\mu^{c_\varkappa c_\varkappa^0} \qquad (\mu = 1, 2 \ldots p)$$

in eindeutiger Weise lösbar.

Jede $\vartheta$-Funktion $\vartheta\left[\begin{smallmatrix} h \\ g \end{smallmatrix}\right]\left(\left(u_\mu^{z\varepsilon}\right)\right)$ mit der zweiteiligen Charakteristik $\left[\begin{smallmatrix} h \\ g \end{smallmatrix}\right]$ hat somit zu Nullpunkten die Nullpunkte 2. Ordnung $c_1 \ldots c_p$ einer Berührungsfunktion $\psi_{\varepsilon c}$. Hierbei sind jedoch zwei wesentlich verschiedene Fälle zu unterscheiden.

Unter den $2^{2p}$ verschiedenen zweiteiligen Charakteristiken $\left[\begin{smallmatrix} h \\ g \end{smallmatrix}\right]$, die den $2^{2p}$ möglichen Systemen $(k_\mu)$ halber Simultanperioden entsprechen, giebt es nach Früherem $2^{p-1}(2^p+1)$ gerade und $2^{p-1}(2^p-1)$ ungerade Charakteristiken. Für die letzteren ist

$$\vartheta\left[\begin{smallmatrix} h \\ g \end{smallmatrix}\right]((0)) \text{ d. h. } \vartheta((k_\mu)) \text{ oder } \vartheta\left(\left(\sum_{\varkappa=1}^{p} u_\mu^{c_\varkappa c_\varkappa^0}\right)\right) = 0.$$

Von den Nullpunkten der Funktion 18⁰) fällt daher in diesem Falle einer, etwa $c_1$, mit $\varepsilon$ zusammen; die zugehörige Berührungsfunktion $\psi_{\varepsilon c}$ wird also in $\varepsilon$ gleich $0^3$ und hat daher sämtliche Nullpunkte von $l_\varepsilon$ ebenfalls zu Nullpunkten. $\psi_{\varepsilon c}$ ist somit durch $l_\varepsilon$ teilbar, und der Quotient $\frac{\psi_{\varepsilon c}}{l_\varepsilon}$ ist eine ganze Funktion von $s$ und $z$ von den Graden $n-2$ und $m-2$, die in allen $r$ Doppelpunkten von $s$ verschwindet, also eine $\varphi$-Funktion mit den Nullpunkten 2. Ordnung $c_2 \ldots c_p$.

Ist die dem Systeme $k_1 \ldots k_\mu \ldots k_p$ halber Simultanperioden entsprechende Charakteristik $\left[\begin{smallmatrix} h \\ g \end{smallmatrix}\right]$ gerade, so ist im allgemeinen:

$$\vartheta((k_\mu)) \neq 0,$$

d. h. keiner der Punkte $c_1 \ldots c_p$ fällt mit $\varepsilon$ zusammen; die zugehörige Berührungsfunktion $\psi_{\varepsilon c}$ ist nicht durch $l_\varepsilon$ teilbar; wir haben dann eine sogenannte reine oder eigentliche Berührungsfunktion $\psi_{\varepsilon c}$, während dem Falle einer ungeraden Charakteristik eine unreine oder uneigentliche (nämlich zerfallende) Berührungsfunktion $\psi_{\varepsilon c} = l_\varepsilon \cdot \varphi$ entspricht.

Fassen wir das Vorige zusammen, so haben wir die zwei Sätze:

**Satz V°)** Bei unbeschränkten Moduln der Klasse giebt es im allgemeinen, zu jedem Punkte $\varepsilon$ gehörig, $2^{p-1}(2^p+1)$ reine Berührungsfunktionen $\psi_{\varepsilon c}$ und, von der Wahl des Punktes $\varepsilon$ unabhängig, $2^{p-1}(2^p-1)$ in $p-1$ Punkten doppelt verschwindende Funktionen $\varphi$.

**Satz VI°)** Bedeutet $\begin{bmatrix} h \\ g \end{bmatrix}$ eine zweiteilige Charakteristik, so sind die Nullpunkte von

$$\vartheta\begin{bmatrix} h \\ g \end{bmatrix}((u_\mu^{z\varepsilon})),$$

wenn $\begin{bmatrix} h \\ g \end{bmatrix}$ eine gerade Charakteristik ist, die $p$ Punkte $c_1 \ldots c_p$, in denen die zu $\varepsilon$ gehörige, der Charakteristik $\begin{bmatrix} h \\ g \end{bmatrix}$ entsprechende Berührungsfunktion $\psi_{\varepsilon c}$ gleich $0^2$ wird;

wenn $\begin{bmatrix} h \\ g \end{bmatrix}$ eine ungerade Charakteristik ist, der Punkt $\varepsilon$ und die $p-1$ Punkte, in denen die $\begin{bmatrix} h \\ g \end{bmatrix}$ entsprechende Funktion $\varphi$ gleich $0^2$ wird. —

# Kapitel II.

# Anwendungen der $\vartheta$-Funktionen.

## § 8. Lösung des Jacobi'schen Umkehrproblems.

Das Jacobi'sche Umkehrproblem im engeren Sinne besteht, wie schon mehrfach erwähnt, in der Aufgabe, die Punkte $x_1 \ldots x_\varkappa \ldots x_p$ zu bestimmen, deren Koordinaten $s, z$ die Kongruenzen

$$1^0.)\quad u_\mu^{x_1 c_1} + u_\mu^{x_2 c_2} + \ldots + u_\mu^{x_\varkappa c_\varkappa} + \ldots + u_\mu^{x_p c_p} \equiv v_\mu$$

$$(\mu = 1, 2 \ldots p)$$

befriedigen, in denen $v_1 \ldots v_\mu \ldots v_p$ beliebig gegebene komplexe Gröfsen sind, und Integrationswege zwischen denselben Grenzen in allen $p$ Kongruenzen dieselben sind.

Dieses Problem ist stets lösbar, und, wie wir in § $6^0.$) bewiesen haben, auch stets eindeutig lösbar, wenn nicht die Punkte $x_1 \ldots x_\varkappa \ldots x_p$ ein Punktsystem I. Gattung bilden, was dann und nur dann geschieht, wenn die mit den Parametern $v_\mu - K_\mu - k_\mu$ (siehe § $6^0.$, Satz IX$^0.$)) gebildete Riemann'sche Primärreihe

$$\vartheta\left(\left(u_\mu^{z\gamma_\mu} - v_\mu + K_\mu + k_\mu\right)\right)$$

identisch verschwindet. Diesen Fall schliefsen wir aus.

In den Kongruenzen $1^0.$) sind die unteren Grenzen $c_1 \ldots c_\varkappa \ldots c_p$ willkürlich; wir nehmen für dieselben die Nullpunkte $c_1^0 \ldots c_\varkappa^0 \ldots c_p^0$ der $\vartheta$-Funktion $16^0.$) in § $7^0.$, d. h. die $p$ Punkte, in denen die dem Punkte $\varepsilon$ entsprechende, zum System halber Simultanperioden $k_\mu = 0$ gehörige, völlig bestimmte Berührungsfunktion $\psi_{\varepsilon c^0}$ doppelt verschwindet. Die Kongruenzen $1^0.$) gehen dann über in

$$2^0.)\quad u_\mu^{x_1 c_1^0} + \ldots + u_\mu^{x_\varkappa c_\varkappa^0} + \ldots + u_\mu^{x_p c_p^0} \equiv v_\mu;\quad (\mu = 1, 2 \ldots p)$$

Wären die unteren Grenzen andere, so hätte man nur die Gröfsen $v_1 \ldots v_p$ um geeignete Konstanten zu vermehren, um wieder die Form $2^0.$) zu erhalten.

Bedeutet $\tau$ irgend eine Funktion der Klasse von der Ordnung $q$, so dafs $\tau$ jeden bestimmten Wert in $q$ Punkten von $T$ annimmt, so läfst sich die Aufgabe des Umkehrproblems auch dahin auffassen, dafs die ganze rationale Funktion $p^{\text{ten}}$ Grades von $\tau$:

$$R(\tau) = (\tau - \tau_1)(\tau - \tau_2)\ldots(\tau - \tau_p) = \tau^p - G_1 \,.\, \tau^{p-1} + \ldots \\ + (-1)^{p-1} . \, G_{p-1} . \, \tau + (-1)^p . \, G_p$$

bestimmt werden soll, wo $\tau_1, \tau_2 \ldots \tau_p$ die Werte von $\tau$ in $x_1, x_2 \ldots x_p$ bezeichnen. Diese Bestimmung reduziert sich wieder auf die Berechnung der Koeffizienten $G_1, \ldots G_p$.

Zur Lösung des Jacobi'schen Umkehrproblems bieten die Riemann'schen Untersuchungen zwei verschiedene Wege dar. Die eine dieser Methoden besteht darin, dafs man mit Hilfe der $\vartheta$-Funktionen eine Funktion der Klasse herzustellen sucht, die gerade in den Punkten $x_1 \ldots x_p$ und in keinen weiteren, in diesen aber mindestens zur zweiten Ordnung verschwindet. Die andere von Clebsch und Gordau herrührende Methode stützt sich auf die Theorie der Integrale III. Gattung. Im Folgenden soll diese zweite Methode dargelegt werden, im Anschlufs an die von Herrn Weber (Crelle's Journal, Band 70) gegebene Darstellung derselben.

Bezeichnet $\tilde{\omega}(x_\lambda, c_\lambda^0)$ das Normalintegral III. Gattung, das in $x_\lambda$ resp. $c_\lambda^0$ logarithmisch unstetig wird, wie

$$\log(z - x_\lambda) \text{ resp. } -\log(z - c_\lambda^0),$$

wo der Wert von $z$ in $x_\lambda$, $c_\lambda^0$ wieder mit $x_\lambda$, $c_\lambda^0$ bezeichnet wird, ist ferner $\tau$ eine Funktion der Klasse von der Ordnung $q$, die in jedem der $q$ Punkte $\beta_\varkappa$ $(\varkappa = 1 \ldots q)$ denselben fest vorgeschriebenen Wert $\tau(\beta)$ annimmt, und in den $q$ Punkten $\gamma_1 \ldots \gamma_q$ gleich $\infty^1$ wird, so gilt (Theorie der algebr. Funktionen, § 26, D$^0$.) die Gleichung:

$$3^0.)\qquad \sum_{\varkappa=1}^{q} \int_{c_\lambda^0}^{x_\lambda} d\tilde{\omega}(\beta_\varkappa, \gamma_\varkappa) = \log \frac{\tau(x_\lambda) - \tau(\beta)}{\tau(c_\lambda^0) - \tau(\beta)},$$

wo die Integrationswege links so gewählt sind, dafs sie keinen der $p$ Querschnitte $b_\lambda$ überschreiten. Von den Integrationswegen in 2°) setzen wir voraus, daſs sie dieselben seien, wie in 3°).

Aus 3°) ergiebt sich, wenn wir diese Gleichung für $\lambda = 1, 2 \ldots p$ bilden und die so entstehenden $p$ Gleichungen addieren, die weitere Relation

$$4^{\circ})\qquad e^{\sum\limits_{\varkappa=1}^{q}\sum\limits_{\lambda=1}^{p}\int\limits_{c_\lambda^0}^{x_\lambda} d\bar{\omega}(\beta_\varkappa, \gamma_\varkappa)} = \prod_{\lambda=1}^{p} \frac{\tau(x_\lambda) - \tau(\beta)}{\tau(c_\lambda^0) - \tau(\beta)},$$

worin nun noch die linke Seite als Funktion von $v_1 \ldots v_p$ darzustellen ist.

Das Integral

$$\int\limits_{c_\lambda^0}^{x_\lambda} d\bar{\omega}(\beta, \gamma) = \int\limits_{\gamma}^{\beta} d\bar{\omega}(x_\lambda, c_\lambda^0)$$

wird, als Funktion von $\beta$ betrachtet, in $x_\lambda$ resp. $c_\lambda^0$ unstetig wie $\log(\beta - x_\lambda)$ resp. $\log(\beta - c_\lambda^0)$. Es wird also die Exponentialgröſse

$$e^{\int\limits_{c_\lambda^0}^{x_\lambda} d\bar{\omega}(\beta, \gamma)} = e^{\int\limits_{\gamma}^{\beta} d\bar{\omega}(x_\lambda, c_\lambda^0)}$$

gleich $0^1$ in $x_\lambda$ und $= \infty^1$ in $c_\lambda^0$, so daſs die Funktion

$$5^{\circ})\qquad R(\beta) = e^{\sum\limits_{\lambda=1}^{p}\int\limits_{c_\lambda^0}^{x_\lambda} d\bar{\omega}(\beta, \gamma)}$$

gleich $0^1$ wird in den Punkten $x_1, x_2, \ldots x_\lambda, \ldots x_p$, und gleich $\infty^1$ in den Punkten $c_1^0, c_2^0, \ldots c_\lambda^0, \ldots c_p^0$.

Dieselben Null- und Unstetigkeitspunkte besitzt, nach den Sätzen des vorigen Paragraphen, auch die Funktion:

$$6^{\circ})\qquad Q(\beta) = \frac{\vartheta\left(\left(u_\mu^{\beta\varepsilon} - \sum\limits_{\varkappa=1}^{p} u_\mu^{x_\varkappa c_\varkappa^0}\right)\right)}{\vartheta\left(\left(u_\mu^{\beta\varepsilon}\right)\right)}$$

Aus dem Verhalten der Normalintegrale III. Gattung und der $\vartheta$-Funktionen an den Querschnitten $a'_\lambda, b_\lambda, c_\lambda$ $(\lambda = 1 \ldots p)$ von $T'$ ergiebt sich ferner:

$$\text{es ist an } a_\lambda: \quad \overset{+}{R} = \overset{-}{R}, \quad \overset{+}{Q} = \overset{-}{Q},$$

$$\text{„ „ } b_\lambda: \quad \overset{+}{R} = \overset{-}{R} . e^{2 \sum\limits_{\lambda=1}^{p} \int\limits_{c_\lambda^0}^{x_\lambda} d u_\lambda} \quad \overset{+}{Q} = \overset{-}{Q} . e^{2 \sum\limits_{\lambda=1}^{p} \int\limits_{c_\lambda^0}^{x_\lambda} d u_\lambda}$$

$$c_\lambda: \quad \overset{+}{R} = \overset{-}{R}, \quad \overset{+}{Q} = \overset{-}{Q}.$$

Der Quotient

$$\frac{Q(\beta)}{R(\beta)}$$

ist daher in $T$ eindeutig und überall stetig, und daher eine Konstante. Es ist somit

$$\frac{Q(\beta_\varkappa)}{Q(\gamma_\varkappa)} = \frac{R(\beta_\varkappa)}{R(\gamma_\varkappa)},$$

oder, wenn man berücksichtigt, daſs

$$\frac{R(\beta_\varkappa)}{R(\gamma_\varkappa)} = e^{\sum\limits_{\lambda=1}^{p} \int\limits_{c_\lambda^0}^{x_\lambda} d\,\bar{\omega}\,(\beta_\varkappa \cdot \gamma_\varkappa)}$$

ist, und die Integralsummen $\sum\limits_1^p u_\mu^{\;x_\varkappa c_\varkappa^0}$ gemäſs 2°) durch $v_\mu$ $(\mu = 1 \ldots p)$ ersetzt.

$$e^{\sum\limits_{\lambda=1}^{p} \int\limits_{c_\lambda^0}^{x_\lambda} d\,\bar{\omega}\,(\beta_\varkappa \cdot \gamma_\varkappa)} = \frac{\vartheta\left(\left(u_\mu^{\beta_\varkappa \varepsilon} - v_\mu\right)\right) . \vartheta\left(\left(u_\mu^{\gamma_\varkappa \varepsilon}\right)\right)}{\vartheta\left(\left(u_\mu^{\gamma_\varkappa \varepsilon} - v_\mu\right)\right) . \vartheta\left(\left(u_\mu^{\beta_\varkappa \varepsilon}\right)\right)}.$$

Wendet man dies auf 4°) an, so ergiebt sich

$$7°) \quad \prod_{\lambda=1}^{p} \frac{\tau(x_\lambda) - \tau(\beta)}{\tau(c_\lambda^0) - \tau(\beta)} = \prod_{\varkappa=1}^{q} \frac{\vartheta\left(\left(u_\mu^{\beta_\varkappa \varepsilon} - v_\mu\right)\right) . \vartheta\left(\left(u_\mu^{\gamma_\varkappa \varepsilon}\right)\right)}{\vartheta\left(\left(u_\mu^{\gamma_\varkappa \varepsilon} - v_\mu\right)\right) . \vartheta\left(\left(u_\mu^{\beta_\varkappa \varepsilon}\right)\right)}.$$

Denkt man sich im Zähler der linken Seite von 7°) das Produkt der $p$ Faktoren $\tau(x_\lambda) - \tau(\beta)$ ausgeführt und nach Potenzen von $\tau(\beta)$ geordnet, so sind die Koeffizienten der einzelnen Potenzen von $\tau(\beta)$ symmetrische Funktionen der $p$ Werte $\tau(x_1), \tau(x_2), \ldots \tau(x_p)$. Diese Funktionen heifsen Abel'sche Funktionen der $p$ unabhängigen Veränderlichen $v_1 \ldots v_\mu \ldots v_p$. Auf die merkwürdigen Eigenschaften dieser Funktionen gehen wir hier nicht ein; bemerkt sei nur, dafs das, was Riemann Abel'sche Funktionen nennt, mit den vorhin so benannten Funktionen nichts zu thun hat.

Nimmt man für das System der Punkte $\beta_1 \ldots \beta_\varkappa \ldots \beta_q$, in denen $\tau$ den Wert $\tau(\beta)$ besitzt, der Reihe nach $p$ äquivalente Punktsysteme

$$\beta_\varkappa^{(1)},\ \beta_\varkappa^{(2)}, \ldots \beta_\varkappa^{(p)}, \qquad (\varkappa = 1, 2 \ldots q)$$

in denen $\tau$ je die Werte

$$\tau(\beta^{(1)}),\ \tau(\beta^{(2)}, \ldots \tau(\beta^{(p)})$$

besitzt, so ergeben sich aus 7°) $p$ Gleichungen, die ausreichend sind, um die $p$ Gröfsen $\tau(x_1), \tau(x_2), \ldots \tau(x_p)$ als Funktionen von $v_1 \quad v_\mu \ldots v_p$ darzustellen. Damit sind aber die Punkte $x_1, x_2 \ldots x_p$ selbst noch nicht vollständig bestimmt: die Kenntnis von $\tau(x_1)$ z. B. läfst immer noch, da $\tau$ eine Funktion der Klasse von der Ordnung $q$ ist, die Wahl zwischen $q$ Punkten von $T$ offen, denen allen derselbe Wert $\tau(x_1)$ entspricht, während doch nur einer dieser Punkte der gesuchte sein kann. Nimmt man jedoch neben der Funktion $\tau$ noch beliebige andere Funktionen $\tau_1, \tau_2$ der Klasse, und bestimmt die Werte

$$\tau_1(x_1),\ \tau_1(x_2), \ldots \tau_1(x_p),$$
$$\tau_2(x_2),\ \tau_2(x_2), \ldots \tau_2(x_p),$$

so lassen sich durch die Annahme einer hinreichenden Anzahl solcher Funktionen die Punkte $x_1, x_2, \ldots x_p$ eindeutig bestimmen.

Erheblich einfacher als auf diesem ersichtlich sehr umständlichen Wege gestaltet sich die Bestimmung von $x_1 \ldots x_p$, wenn man, nach dem Vorgange von Herrn Neumann, für die beliebige Funktion $\tau$ der Klasse die Variable $z$ selbst einführt. In diesem Falle ist $q = n$, und die Punktsysteme $\beta_{\varkappa}^{(1)}, \ldots \beta_{\varkappa}^{(p)}$ sind $p$ Systeme von je $n$ in der Fläche $T$ übereinander liegenden Punkten, während die Punkte $\gamma_{\varkappa}$ die $n$ unendlich fernen Punkte von $T$ sind. Die Gleichung 7⁰.) nimmt bei dieser Wahl von $\tau$ die einfachere Gestalt an:

$$8^0.)\quad \prod_{\lambda=1}^{p} \frac{x_\lambda - C}{c_\lambda^0 - C} = \prod_{\varkappa=1}^{n} \frac{\vartheta\left(\left(u_\mu{}^{\beta_{\varkappa}\varepsilon} - v_\mu\right)\right) . \vartheta\left(\left(u_\mu{}^{\infty_\varkappa \varepsilon}\right)\right)}{\vartheta\left(\left(u_\mu{}^{\infty_\varkappa \varepsilon} - v_\mu\right)\right) . \vartheta\left(\left(u_\mu{}^{\beta_{\varkappa}\varepsilon}\right)\right)},$$

wo $C$ eine beliebige Konstante bedeutet. — Erteilt man hierin der willkürlichen Konstanten $C$ der Reihe nach $p$ beliebige, verschiedene Werte, so erhält man $p$ algebraische Gleichungen zur Bestimmung der $p$ Punkte $x_1 \ldots x_p$ als Funktion von $v_1 \ldots v_p$.

Sind die Gröfsen $v_1 \ldots v_p$ so beschaffen, dafs das durch die Kongruenzen 2⁰.) definierte Umkehrproblem $\infty$ viele Lösungen besitzt, so kann man zur Auflösung dieses Problems die von Christoffel eingeführten Sekundärreihen benutzen. Auf diesen Spezialfall gehen wir nicht ein.

Bezüglich der Litteratur des Umkehrproblems verweisen wir auf folgende Abhandlungen:

Jacobi, Crelle's Journal, Bd. 13.

Göpel, „ „ „ 35.

Rosenhain, Mémoires des savants étrangers, t. XI, p. 361—468.

Weierstrafs, Crelle's Journal, Bd. 47 u. 52.

Riemann, Theorie d. Abel'schen Funktionen.

Clebsch u. Gordan, Abel'sche Funktionen.

H. Weber, Abel'sche Funktionen v. Geschlechte $p = 3$.

H. Stahl, Crelle's Journal, Bd. 111.

## § 9. Darstellung der Funktionen und Integrale der Klasse durch Thetaquotienten.

Die von Riemann zum Zwecke der Auflösung des Jacobi'schen Umkehrproblems eingeführten $\vartheta$-Funktionen gestatten, abgesehen von dieser speziellen Anwendung, noch mehrfache andere, nicht minder wichtige Anwendungen.

Einige derselben sollen in diesem und den nächsten Paragraphen besprochen werden.

A°) Darstellung einer algebraischen Funktion $\tau$ der Klasse.

Es sei $\tau$ eine Funktion der Klasse von der Ordnung $q$ mit den Nullpunkten

$$\beta_1 \dots \beta_q$$

und den Unstetigkeitspunkten:

$$\gamma_1 \dots \gamma_q .$$

Wir bilden nun folgendes Produkt von $r$ ($r > 1$) Thetafunktionen (Primärreihen):

$$K = \vartheta((u_\mu - e'_\mu)) \, . \, \vartheta((u_\mu - e''_\mu)) \dots \vartheta((u_\mu - e^{(r)}_\mu)),$$

und denken uns in diesen $r$ $\vartheta$-Funktionen die Parameter $e'_\mu \dots e^{(r)}_\mu$ so bestimmt, dafs keine dieser Funktionen identisch Null wird, und dafs sämtliche $q$ Nullpunkte von $\tau$ unter den $rp$ Nullpunkten von $K$ auftreten. Die übrigen $rp - q$ Nullpunkte von $K$ seien:

$$\delta_1, \delta_2 \dots \delta_{rp-q} .$$

Analog bilden wir das Produkt:

$$L = \vartheta((u_\mu - f'_\mu)) \, . \, \vartheta((u''_\mu - f'_\mu)) \dots \vartheta((u_\mu f^{(r)}_\mu)),$$

und denken uns darin die Parameter $f'_\mu, \dots f^{(r)}_\mu$ so bestimmt, dafs $L$ Null zur ersten Ordnung wird

1°) in den Punkten $\gamma_1 \dots \gamma_q$,

2°) in den $rp - q$ Punkten $\delta_1 \dots \delta_{rp-q}$.

Wie sich dabei diese $rp$ Nullpunkte auf die $r$ Faktoren von $L$ verteilen, ist vollständig willkürlich; die einzige einschränkende Bedingung ist die, dafs infolge dieser Verteilung keiner der $r$ $\vartheta$-Faktoren identisch Null werde.

Die zwei $\vartheta$-Produkte $K$ und $L$ stellen, wie unmittelbar aus den Eigenschaften der $\vartheta$-Funktionen folgt, Funktionen von $z$ dar, die in der einfach zusammenhängenden Fläche $T''$ überall eindeutig und stetig sind. Ferner ist:

an $a_\lambda$: $\overset{+}{\vartheta} = \overset{-}{\vartheta}$, und daher $\overset{+}{K} = \overset{-}{K}$, $\overset{+}{L} = \overset{-}{L}$,

an $b_\lambda$: $\overset{+}{\vartheta} = \overset{-}{\vartheta} \,.\, e^{-a_{\lambda\lambda} - 2u_\lambda + 2e_\lambda}$,

und daher:

$$\overset{+}{K} = \overset{-}{K} \,.\, e^{-r(a_{\lambda\lambda} + 2\bar{u}_\lambda) + 2(e'_\lambda + e''_\lambda + \ldots + e^{(r)}_\lambda)},$$

$$\overset{+}{L} = \overset{-}{L} \,.\, e^{-r(a_{\lambda\lambda} + 2\bar{u}_\lambda) + 2(f'_\lambda + f''_\lambda + \ldots + f^{(r)}_\lambda)},$$

oder auch, da:

$$e'_\lambda + e_\lambda + \ldots + e^{(r)}_\lambda = \sum_{\varkappa=1}^{q} u_\lambda(\beta_\varkappa) + \sum_{\varkappa=1}^{rp-q} u_\lambda(\delta_\varkappa) - r \,.\, K_\lambda\,,$$

$$f'_\lambda + f''_\lambda + \ldots + f^{(r)}_\lambda = \sum_{\varkappa=1}^{q} u_\lambda(\gamma_\varkappa) + \sum_{\varkappa=1}^{rp-q} u_\lambda(\delta_\varkappa) - r \,.\, K_\lambda \text{ ist,}$$

worin $K_\lambda$ ($\lambda = 1 \ldots p$) die der angenommenen kanonischen Zerschneidung von $T$ entsprechenden Werte der Riemannschen Konstanten sind:

$$\overset{+}{K} = \overset{-}{K} \,.\, e^{-r(a_{\lambda\lambda} + 2\bar{u}_\lambda) - 2rK_\lambda} \,.\, e^{2\sum\limits_{\varkappa=1}^{q} u_\lambda(\beta_\varkappa) + 2\sum\limits_{\varkappa=1}^{rp-q} u_\lambda(\delta_\varkappa)},$$

$$\overset{+}{L} = \overset{-}{L} \,.\, e^{-r(a_{\lambda\lambda} + 2\bar{u}_\lambda) - 2rK_\lambda} \,.\, e^{2\sum\limits_{\varkappa=1}^{q} u_\lambda(\gamma_\varkappa) + 2\sum\limits_{\varkappa=1}^{rp-q} u_\lambda(\delta_k)}.$$

Der Quotient:

$$\frac{K}{L}$$

ist daher eine Funktion von $z$, die in der Fläche $T'$ überall eindeutig ist, Null zur ersten Ordnung wird in den Punkten

$$\beta_1 \ldots \beta_q\,,$$

$\infty^1$ in den Punkten

$$\gamma_1 \ldots \gamma_q\,,$$

und deren Verhalten an den Querschnitten $a_\lambda$, $b_\lambda$ dadurch charakterisiert ist, daſs

an $a_\lambda$: $\left(\frac{K}{L}\right)^{+} = \left(\frac{K}{L}\right)^{-}$

an $b_\lambda$: $\left(\frac{K}{L}\right)^{+} = \left(\frac{K}{L}\right)^{-} \,.\, e^{2\sum\limits_{\varkappa=1}^{q}(u_\lambda(\beta_\varkappa) - u_\lambda(\gamma_\varkappa))}$

ist. Berücksichtigt man noch, daſs nach dem Abel'schen Theorem für Integrale I. Gattung

$$\sum_{\varkappa=1}^{q}\left(u_\lambda(\beta_\varkappa)-u_\lambda(\gamma_\varkappa)\right)=(gh)_\lambda=g_\lambda\pi i+h_1 a_{1\lambda}+h_2 a_{2\lambda}+\dots+h_p a_{p\lambda}$$

ist, wo $g_\lambda$, $h_\lambda$ $(\lambda=1\dots p)$ ganze Zahlen sind, die definiert sind durch die Gleichungen (Fig. 1)

$$2\pi i\,.\,g_\lambda=\int\left|\begin{matrix}\alpha\\ a\\ \beta\end{matrix}\right|_\lambda d\log\tau\,,\quad 2\pi i\,.\,h_\lambda=-\int\left|\begin{matrix}\gamma\\ b\\ \beta\end{matrix}\right|_\lambda d\log\tau\,,$$

so können wir auch sagen, daſs

$$\text{an } b_\lambda:\ \left(\frac{K}{L}\right)^+=\left(\frac{K}{L}\right)^-.\,e^{2(h_1 a_{1\lambda}+h_2 a_{2\lambda}+\dots+h_p a_{p\lambda})}$$

ist. — Dieselben Faktoren wie $\frac{K}{L}$ scheidet aber an den Querschnitten $a_\lambda$, $b_\lambda$ auch die Funktion

$$e^{2\sum\limits_{\mu=1}^{p} h_\mu\,.\,u_\mu}$$

aus. Die in $T'$ eindeutige Funktion

$$e^{-2\sum\limits_{\mu=1}^{p} h_\mu\,.\,u_\mu}\,.\,\frac{K}{L}$$

ist daher an allen Querschnitten $a_\lambda$, $b_\lambda$ stetig; da sie auſserdem mit $\tau$ in allen Null- und Unstetigkeitspunkten übereinstimmt, so ist sie eine Funktion der Klasse, die sich von $\tau$ nur durch einen konstanten Faktor $C$ unterscheiden kann. — Wir haben so die wichtige Formel:

$$\text{I}^0)\quad \tau=C\,.\,e^{-2\sum\limits_{\mu=1}^{p} h_\mu\,.\,u_\mu(o)}\,.\,\frac{\vartheta\left((u_\mu-e'_\mu)\right)\dots\vartheta\left((u_\mu-e_\mu^{(r)})\right)}{\vartheta\left((u_\mu-f'_\mu)\right)\dots\vartheta\left((u_\mu-f_\mu^{(r)})\right)}\,.$$

Hierzu ist Folgendes zu bemerken. Die vorige Formel I⁰) liefert eine Darstellung der Funktion $\tau$ der Klasse mit gegebenen Null- und Unstetigkeitspunkten durch transcendente

Gröfsen: die Normalintegrale I. Gattung und die $\vartheta$-Moduln $a_{\mu\lambda}$. Die aufserdem noch in I⁰.) auftretende Konstante $C$ bestimmt sich am einfachsten durch Angabe des Wertes von $\tau$ in einem gegebenen, von den Null- und Unstetigkeitspunkten von $\tau$ verschiedenen Punkte von $T$. — Aus I⁰.) ergiebt sich ferner:

**Satz I⁰.)** Sieht man die $p$ linearunabhängigen Integrale I. Gattung $u_1 \ldots u_p$ als unabhängige Variabeln an, so ist jede Funktion $\tau$ der Klasse 2p-fach periodische Funktion dieser Variabeln.

Bezüglich der Anzahl $r$ der $\vartheta$-Faktoren in Zähler und Nenner der rechten Seite von I⁰.) sieht man unmittelbar, dafs diese Zahl $r$ beliebig grofs genommen werden kann, wenn nur keiner dieser $\vartheta$-Faktoren identisch verschwindet. Die Darstellung einer Funktion $\tau$ der Klasse durch $\vartheta$-Quotienten ist also keine völlig bestimmte, sondern läfst (auch schon wegen der vielen möglichen Verteilungen der Null- und Unstetigkeitspunkte von $\tau$ auf die $\vartheta$-Faktoren in Zähler und Nenner) unendlich viele Lösungen zu. Dagegen läfst sich $r$ nicht beliebig klein annehmen. Ist nämlich $\tau$ eine Funktion II. Gattung, also von einer Ordnung $q \overline{\overline{>}} p+1$, so mufs $r$ jedenfalls $>1$ sein. Ist $\tau$ eine Funktion I. Gattung, deren Ordnung $q>p$ ist, so mufs ebenfalls $r>1$ sein. Ist schliefslich $\tau$ eine Funktion I. Gattung von der Ordnung $q \overline{\overline{<}} p$, so kann $r$ wieder nicht $=1$ sein, denn in diesem Falle würde die $\vartheta$-Funktion im Zähler und auch die im Nenner identisch verschwinden, und die Formel I⁰.) würde illusorisch. Wir können daher den Satz aussprechen:

**Satz II⁰.)** Der Ausdruck

$$e^{-2\sum\limits_{\mu=1}^{p} h_\mu \cdot u_\mu(o)} \frac{\vartheta((u_\mu - e_\mu))}{\vartheta((u_\mu - f_\mu))},$$

worin $\vartheta((u_\mu - e_\mu))$ und $\vartheta((u_\mu - f_\mu))$ Riemann'sche Primärreihen mit nicht identisch verschwindender Summe bezeichnen, kann nie eine algebraische Funktion der Klasse darstellen.

Für Sekundärreihen gilt dieser Satz nicht mehr.

### B°) Darstellung des Normalintegrals III. Gattung $\tilde{\omega}(\varepsilon_1, \varepsilon_2)$.*)

Es sei $\tilde{\omega}(\varepsilon_1, \varepsilon_2)$ das Riemann'sche Normalintegral III. Gattung, welches dadurch charakterisiert ist, dafs (Theorie der algebr. Funktionen, § 24°)

$$\begin{aligned}
&\text{in } \varepsilon_1\ (z = \zeta_1) : \tilde{\omega}(\varepsilon_1, \varepsilon_2) = \log(z - \zeta_1) + f.\,\text{cot.},\\
&\text{in } \varepsilon_2\ (z = \zeta_2) : \tilde{\omega}(\varepsilon_1, \varepsilon_2) = \log(z - \zeta_2) + f.\,\text{cot.},\\
&\text{an } a_\lambda : \overset{+}{\tilde{\omega}(\varepsilon_1, \varepsilon_2)} = \overset{-}{\tilde{\omega}(\varepsilon_1, \varepsilon_2)},\\
&\text{an } b_\lambda : \overset{+}{\tilde{\omega}(\varepsilon_1, \varepsilon_2)} = \overset{-}{\tilde{\omega}(\varepsilon_1, \varepsilon_2)} + 2\,[u_\lambda(\varepsilon_1) - u_\lambda(\varepsilon_2)] \text{ ist.}
\end{aligned}$$

Zum Zwecke der Darstellung dieses Integrals durch $\vartheta$-Funktion bilden wir die 2 Funktionen:

$$\begin{aligned}
\vartheta_1 &= \vartheta((u_\mu(o) - u_\mu(\varepsilon_1) - r_\mu)),\\
\vartheta_2 &= \vartheta((u_\mu(o) - u_\mu(\varepsilon_2) - r_\mu)),
\end{aligned}$$

wo

$$r_\mu = \sum_{\varkappa=1}^{p-1} u_\mu(\beta_\varkappa) - K_\mu \quad (\mu = 1 \ldots p)$$

ist, und die $K_\mu$ $(\mu = 1 \ldots p)$ die Riemann'schen Konstanten bedeuten, die dem zu Grunde gelegten kanonischen Querschnittsysteme $a_\lambda$, $b_\lambda$ $(\lambda = 1, \ldots p)$ entsprechen. Die Punkte $\beta_1 \ldots \beta_\varkappa \ldots \beta_{p-1}$ denken wir uns dabei so gewählt, dafs weder $\vartheta_1$ noch $\vartheta_2$ identisch verschwindet.

Unter dieser Voraussetzung hat

$$\begin{aligned}
&\vartheta_1 \text{ die Nullpunkte } \varepsilon_1, \beta_1, \beta_2, \ldots \beta_{p-1},\\
&\vartheta_2 \qquad\qquad\qquad\quad \varepsilon_2, \beta_1, \beta_2, \ldots \beta_{p-1},
\end{aligned}$$

und der Quotient

$$Q = \frac{\vartheta_1}{\vartheta_2}$$

ist daher eine Funktion von $z$, die in der Fläche $T'$ eindeutig ist, im Punkte $\varepsilon_1$ gleich $0^1$ und im Punkte $\varepsilon_2$ gleich

*) Das Folgende ist einer Vorlesung von Christoffel aus dem Wintersemester 1892—93 entnommen.

$\infty^1$ wird und sonst keine weiteren Null- und Unstetigkeitspunkte besitzt. Bilden wir somit die Funktion

$$L = \log Q,$$

so ist:

$$\begin{aligned}
&\text{in } \varepsilon_1 & L &= \log(z - \zeta_1) + f.\,\text{cot},\\
&\text{in } \varepsilon_2: & L &= -\log(z - \zeta_2) + f.\,\text{cot},\\
&\text{an } a_\lambda: & \log\overset{+}{\vartheta}_1 &= \log\overset{-}{\vartheta}_1,\quad \log\overset{+}{\vartheta}_2 = \log\overset{-}{\vartheta}_2,\\
& & \overset{+}{L} &= \overset{-}{L}\\
&\text{an } b_\lambda: & \log\overset{+}{\vartheta}_1 &= \log\overset{-}{\vartheta}_1 - a_{\lambda\lambda} - 2\,\overset{-}{u}_\lambda(o) + 2\,r_\lambda + 2\,u_\lambda(\varepsilon_1),\\
& & \log\overset{+}{\vartheta}_2 &= \log\overset{-}{\vartheta}_2 - a_{\lambda\lambda} - 2\,\overset{-}{u}_\lambda(o) + 2\,r_\lambda + 2\,u_\lambda(\varepsilon_2),\\
&\text{und daher:} & \overset{+}{L} &= \overset{-}{L} + 2\,[u_\lambda(\varepsilon_1) - u_\lambda(\varepsilon_2)].
\end{aligned}$$

Die Funktion $L$ hat daher in $T'$ dieselben Unstetigkeiten und dieselben Periodizitätsmoduln wie $\tilde{\omega}(\varepsilon_1, \varepsilon_2)$. Die Differenz $\tilde{\omega}(\varepsilon_2, \varepsilon_2) - L$ ist folglich in $T'$ überall eindeutig und stetig und hat lauter verschwindende Periodizitätsmoduln, d. h. es ist:

$$\tilde{\omega}(\varepsilon_1, \varepsilon_2) = L + \text{constans}.$$

Verfügen wir daher in geeigneter Weise über die untere Grenze des Integrals $\tilde{\omega}(\varepsilon_1, \varepsilon_2)$, so erhalten wir die Darstellungsformel:

$$\text{II}^0.)\qquad \tilde{\omega}(\varepsilon_1, \varepsilon_2) = P(o, \varepsilon_1) - P(o, \varepsilon_2)$$

$$= \log \frac{\vartheta\left(\left(u_\mu(o) - u_\mu(\varepsilon_1) - \sum_{\varkappa=1}^{p-1} u_\mu(\beta_\varkappa) + K_\mu\right)\right)}{\vartheta\left(\left(u_\mu(o) - u_\mu(\varepsilon_2) - \sum_{\varkappa=1}^{p-1} u_\mu(\beta_\varkappa) + K_\mu\right)\right)},$$

deren Gültigkeit wesentlich an die Voraussetzung geknüpft ist, daſs die zwei Punktsysteme

$$\begin{gathered}
\varepsilon_1, \beta_1, \beta_2, \ldots \beta_{p-1},\\
\varepsilon_2, \beta_1, \beta_2, \ldots \beta_{p-1}
\end{gathered}$$

keine Punktsysteme I. Gattung sind.

C⁰) Darstellung des Normalintegrals II. Gattung $t(o, \varepsilon)$.

Um auch für das Normalintegral II. Gattung $t(o, \varepsilon)$, das im Punkte $\varepsilon\,(z = \zeta)$ wie $\frac{1}{z - \zeta}$ unstetig wird und an $a_\lambda$, $b_\lambda$ die Perioditätsmoduln $0, -2\,u_\lambda'(\varepsilon)$ besitzt, eine Darstellung durch $\vartheta$-Funktionen zu gewinnen, bilden wir die logarithmische Derivierte:

$$\Xi = \frac{d \log \vartheta\left(\left(u_\mu(o) - u_\mu(\varepsilon) - \sum_{\varkappa=1}^{p=1} u_\mu(\beta_\varkappa) + K_\mu\right)\right)}{d\zeta},$$

wobei die Punkte $\beta_1 \ldots \beta_{p-1}$ so gewählt sind, dafs $\varepsilon, \beta_1 \ldots \beta_{p-1}$ kein Punktsystem I. Gattung bilden, und keiner der Punkte $\beta$ mit dem Punkte $\varepsilon$ identisch ist. Wie aus den Eigenschaften der $\vartheta$-Funktionen ohne weiteres folgt, ist diese Funktion $\Xi$ in $T'$ überall eindeutig, wird unstetig nur im Punkte $\varepsilon\,(z = \zeta)$, wo

$$\Xi = -\frac{1}{z - \zeta} + f.\,\mathrm{cot}$$

ist, und besitzt an $a_\lambda, b_\lambda$ die Perioditätsmoduln $0, +2u_\lambda'(\varepsilon)$. Es ist daher

$$t(o, \varepsilon) + \Xi = \text{constans},$$

und wir erhalten, wenn wir noch die zur Verfügung stehende untere Grenze von $t(o, \varepsilon)$ in geeigneter Weise auswählen, die Darstellungsformel:

$$\text{III}^0)\quad t(o, \varepsilon) = -\frac{d \log \vartheta\left(\left(u_\mu(o) - u_\mu(\varepsilon) - \sum_{\varkappa=1}^{p=1} u_\mu(\beta_\varkappa) + K_\mu\right)\right)}{d\zeta},$$

welche wesentlich an die Voraussetzung geknüpft ist, dafs sich unter den Punkten $\varepsilon, \beta_1 \ldots \beta_{p-1}$ kein notwendiger befinde, und dafs keiner der Punkte $\beta_\varkappa$ mit dem Punkte $\varepsilon$ identisch sei.

Analog wie für $t(o, \varepsilon)$ läfst sich auch für das (Theorie der algebr. Funktionen u. s. w., § 23) eingeführte Normalintegral II. Gattung

$$t^{(\nu)}(o, \varepsilon) = -\frac{d^\nu P(o, \varepsilon)}{d\zeta^\nu} \qquad (\nu > 1)$$

eine Darstellungsformel mittels $\vartheta$-Funktionen gewinnen. Berücksichtigt man nämlich, daſs die $\nu^{\text{te}}$ Derivierte

$$\Xi^{(\nu)} = \frac{d^\nu \log \vartheta\left(\left(u_\mu(o) - u_\mu(\varepsilon) - \sum_1^{p=1} u_\mu(\beta_\varkappa) + K_\mu\right)\right)}{d\zeta^\nu}$$

an $a_\lambda$, $b_\lambda$ die Perioditätsmoduln $0, -2\,u_\lambda^{(\nu)}(\varepsilon)$ besitzt, in $T'$ nur im Punkte $\varepsilon\,(z = \zeta)$ unstetig wird, und daſs

$$\text{in } \varepsilon: \; \Xi^{(\nu)} = -\frac{(\nu-1)!}{(z-\zeta)^\nu} + f.\text{cot}$$

ist, so erhält man für $t^{(\nu)}(o, \varepsilon)$ bei geeigneter Wahl der unteren Grenze dieses Integrals die Darstellungsformel:

IV$^0$.)

$$t^{(\nu)}(o, \varepsilon) = -\frac{d^\nu \log \vartheta\left(\left(u_\mu(o) - u_\mu(\varepsilon) - \sum_{\varkappa=1}^{p-1} u_\mu(\beta_\varkappa) + K_\mu\right)\right),}{d\zeta^\nu},$$

die ebenso wie III$^0$.) wesentlich an die Voraussetzung gebunden ist, daſs sich unter den Punkten $\varepsilon, \beta_1, \beta_2 \ldots \beta_{p-1}$ kein notwendiger befinde, und daſs keiner der Punkte $\beta_\varkappa$ mit dem Punkte $\varepsilon$ identisch sei.

Bemerkung: Zieht das Verschwinden des allgemeinen Integranden 1. Gattung $w'$ in $\varepsilon$ zu irgend einer Ordnung $r < p$ nicht ein weiteres Verschwinden von $w'$ in $\varepsilon$ nach sich, so gilt auch, wie sich leicht nachweisen läſst, bei geeigneter Wahl der unteren Grenze von $t(o, \varepsilon)$ die Darstellungsformel:

$$\text{V}^0.) \quad t(o, \varepsilon) = -\frac{1}{p} \cdot \frac{d \log \vartheta\left(\left(u_\mu(o) - p \,.\, u_\mu(\varepsilon) + K_\mu\right)\right)}{d\zeta}.$$

aus der sich wegen

$$t(o, \varepsilon) = -\frac{dP(o, \varepsilon)}{d\zeta},$$

die weitere Formel ergiebt:

$$\text{VI}^0.) \quad P(o, \varepsilon) = +\frac{1}{p} \,.\, \log \vartheta\left(\left(u_\mu(o) - p \,.\, u_\mu(\varepsilon) + K_\mu\right)\right).$$

Gilt das oben für den Punkt $\varepsilon$ Gesagte einzeln von den Punkten $\varepsilon_1$ und $\varepsilon_2$, so hat man schliefslich:

$$\text{VII.)} \quad \tilde{\omega}(\varepsilon_1, \varepsilon_2) = +\frac{1}{p}\log\frac{\vartheta((u_\mu(o) - p\,.\,u_\mu(\varepsilon_1) + K_\mu))}{\vartheta((u_\mu(o) - p\,.\,u_\mu(\varepsilon_2) + K_\mu))}.$$

Die Formeln dieses Paragraphen liefern die Darstellung der Funktionen und Integrale der Klasse durch Material ein und derselben Art, nämlich durch die Normalintegrale I. Gattung $u_1 \ldots u_\mu \ldots u_p$ und die Periodizitätsmoduln $a_{\mu\lambda}$ derselben an den Querschnitten $b_1 \ldots b_\lambda \ldots b_p$.

---

## § 10. Die Wurzelfunktionen: Definition und Darstellung derselben.

Es sei, die Existenz derselben vorausgesetzt, $\tau$ eine algebraische Funktion der Klasse, die

$$\begin{array}{lll} \text{in} & \beta_1 \ldots \beta_\varkappa \ldots \beta_q \text{ gleich} & 0^m, \\ & \gamma_1 \ldots \gamma_\varkappa \ldots \gamma_q & \infty^m, \end{array}$$

wird. Nach dem Abel'schen Theorem ist dann:

$$m\,.\sum_{\varkappa=1}^{q}(u_\mu(\beta_\varkappa) - u_\mu(\gamma_\varkappa)) = (gh)_\mu, \qquad (\mu = 1, 2 \ldots p)$$

wo die $g$ und $h$ ganze Zahlen bedeuten, und es läfst sich $\tau$ darstellen durch einen Ausdruck von der Form:

$$\tau = C^m\,.\,e^{m\sum\limits_{\varkappa=1}^{q}\tilde{\omega}(\beta_\varkappa, \gamma_\varkappa) - 2\sum\limits_{\lambda=1}^{p}h_\lambda u_\lambda},$$

wovin $C$ eine Konstante bezeichnet. Hieraus ergiebt sich:

$$\text{I.)} \qquad \sqrt[m]{\tau} = C\,.\,e^{\sum\limits_{\varkappa=1}^{q}\tilde{\omega}(\beta_\varkappa, \gamma_\varkappa) - \frac{2}{m}\sum\limits_{\lambda=1}^{p}h_\lambda u_\lambda}$$

Diese Gleichung definiert $\sqrt[m]{\tau}$ als eine eindeutige Funktion des Ortes in der Fläche $T'$, oder genauer ausgedrückt: sie definiert einen der $m$ Zweige dieser Funktion; die übrigen $m - 1$ Zweige von $\sqrt[m]{\tau}$ erhält man, indem man die Konstante

$C$ der Reihe nach mit den übrigen $m^{\text{ten}}$ Wurzeln der Einheit multipliziert.

Aus den Periodizitätseigenschaften der Normalintegrale III. Gattung $\tilde{\omega}(\beta_\varkappa, \gamma_\varkappa)$, den Gleichungen des Abel'schen Theorems und den Definitionsgleichungen

$$2\pi i \,.\, g_\lambda = \int \begin{vmatrix} \alpha \\ a \\ \beta \end{vmatrix}_\lambda d \log \tau, \quad 2\pi i \,.\, h_\lambda = -\int \begin{vmatrix} \gamma \\ b \\ \beta \end{vmatrix} d \log \tau$$

der ganzen Zahlen $g$ und $h$ ergiebt sich ferner ohne weiteres, daſs:

$$\text{an } a_\lambda: \quad \sqrt[m]{\overset{+}{\tau}} = \sqrt[m]{\overset{-}{\tau}} \,.\, e^{-\frac{2\pi i}{m} h_\lambda}$$

$$\text{an } b_\lambda: \quad \sqrt[m]{\overset{+}{\tau}} = \sqrt[m]{\overset{-}{\tau}} \,.\, e^{-\frac{2\pi i}{m} g_\lambda}$$

ist. Die durch I.) definierte Funktion $\sqrt[m]{\tau}$ scheidet also an den Querschnitten $a_\lambda, b_\lambda$ Faktoren aus, die $m^{\text{te}}$ Einheitswurzeln sind.

Funktionen, die wie $\sqrt[m]{\tau}$ in der Fläche $T'$ eindeutige Funktion des Ortes sind, dieselbe endliche Anzahl $q$ von Null- und Unstetigkeitspunkten 1. Ordnung besitzen, und an den Querschnitten $a_\lambda$, $b_\lambda$ $m^{\text{te}}$ Einheitswurzeln als Faktoren ausscheiden, heiſsen W u r z e l f u n k t i o n e n, und zwar speziell W u r z e l f u n k t i o n e n $m^{\text{ten}}$ G r a d e s. — Im Folgenden wollen wir die Aufgabe zu lösen suchen, derartige Wurzelfunktionen, ihre Existenz vorausgesetzt, durch $\vartheta$-Funktionen darzustellen. Aus dieser Darstellung wird sich dann zugleich die Existenz dieser Funktionen ergeben.

Wir fassen die Aufgabe zunächst etwas allgemeiner und suchen mit Hilfe der $\vartheta$-Funktionen eine Funktion $\Phi$ von $z$ herzustellen, die folgende Eigenschaften besitzt:

1.) sie soll in der Fläche $T'$ überall eindeutig sein und nur wie eine algebraische Funktion unstetig werden;

2.) sie soll an den Querschnitten $c_\lambda, a_\lambda, b_\lambda$, konstante Faktoren $k_\lambda, m_\lambda, n_\lambda$ ausscheiden.

Aus diesen Definitionseigenschaften der multiplikativen Funktion $\Phi$ ergeben sich mehrere grundlegende Sätze:

**Satz I.**[0]) Die Faktoren $k_\lambda$ sind alle $= 1$.

Beweis: Nach 2.[0]) ist (Figur 1):

$$\begin{aligned} k_\lambda \,.\, \Phi(\delta) &= \Phi(\varepsilon), \\ \Phi(\varepsilon) &= m_\lambda \,.\, \Phi(\alpha), \\ \Phi(\alpha) &= n_\lambda \,.\, \Phi(\beta), \\ m_\lambda \,.\, \Phi(\beta) &= \Phi(\gamma), \\ n_\lambda \,.\, \Phi(\gamma) &= \Phi(\delta), \end{aligned}$$

woraus durch Multiplikation unmittelbar $k_\lambda = 1$ folgt.

**Satz II.**[0]) Jede multiplikative Funktion $\Phi$ hat in $T'$ ebensoviel Nullpunkte wie Unstetigkeitspunkte erster Ordnung.

Beweis: Bezeichnet $N$ die Summe der Ordnungszahlen des Null- und Unendlichwerdens von $\Phi$ innerhalb $T'$, so ist nach einem Satze von Cauchy:

$$N = \frac{1}{2\pi i} \int\limits_{(T')} d \log \Phi,$$

wo die Integration sich in positiver Richtung über die ganze Begrenzung von $T'$ erstreckt. Es ist nun (Fig. 1):

$$\int\limits_{(T')} d\log\Phi = \sum_{\lambda=1}^{p} \int \left| \begin{matrix} \alpha \\ a \\ \beta \end{matrix} \right| (d\overset{+}{\log}\Phi - d\overset{-}{\log}\Phi)_\lambda$$

$$+ \sum_{\lambda=1}^{p} \int \left| \begin{matrix} \gamma \\ b \\ \beta \end{matrix} \right| (d\overset{-}{\log}\Phi - d\overset{+}{\log}\Phi)_\lambda + \sum_{\lambda=1}^{p} \int \left| \begin{matrix} \omega \\ c \\ \delta \end{matrix} \right| (d\overset{+}{\log}\Phi - d\overset{-}{\log}\Phi)_\lambda,$$

und daher $$N = 0,$$

da längs eines jeden Querschnittes: $d\overset{+}{\log}\Phi = d\overset{-}{\log}\Phi$ ist.

**Satz III°)** Sind $\beta_1 \ldots \beta_\varkappa \ldots \beta_q$ die Nullpunkte, $\gamma_1 \ldots \gamma_\varkappa \ldots \gamma_q$ die Unstetigkeitspunkte einer Funktion $\Phi$ mit den Multiplikatoren $m_\lambda$, $n_\lambda$, so gelten die $p$ Beziehungen:

$$\text{II°)} \quad \sum_{\varkappa=1}^{q}(u_\mu(\beta_\varkappa)-u_\mu(\gamma_\varkappa)) = \frac{1}{2}\log n_\mu - \frac{1}{2\pi i}\sum_{\lambda=1}^{p} a_{\mu\lambda}.\log m_\lambda + (g\,h)_\mu$$

$$(\mu = 1, \ldots p)$$

wo

$$(g\,h)_\mu = g_\mu\,\pi i + \sum_{\lambda=1}^{p} h_\lambda\, a_{\mu\lambda}$$

ist, die Logarithmen eindeutig gemeint sind und die ganzen Zahlen $g_\lambda$, $h_\lambda$ definiert sind durch die Gleichungen:

$$\int \left|\begin{matrix}\alpha\\ a\\ \beta\end{matrix}\right|_\lambda d\log\Phi = \log n_\lambda + 2\pi i\,.\,g_\lambda,$$

$$\int \left|\begin{matrix}\gamma\\ b\\ \beta\end{matrix}\right|_\lambda d\log\Phi = \log m_\lambda - 2\pi i\,.\,h_\lambda.$$

Beweis: Derselbe ergiebt sich sehr leicht durch Auswertung des in positiver Richtung über die ganze Begrenzung von $T'$ erstreckten Integrals

$$\int_{(T')} u_\mu\,.\,d\log\Phi\,.$$

Schreibt man die linke Seite der Beziehung II°) in der Form

$$\sum_{\varkappa=1}^{q}\int_{\gamma_\varkappa}^{\beta_\varkappa} d\,u_\mu$$

und legt man den Integrationswegen von $\gamma_\varkappa$ nach $\beta_\varkappa$ die Beschränkung auf, die Querschnitte $a_\lambda$, $b_\lambda$ nicht zu überschreiten, so werden alle $g_\lambda$, $h_\lambda$ gleich 0, und die Beziehungen II°) vereinfachen sich dementsprechend.

Der Satz III⁰), der nichts anderes ist als die Ausdehnung des Abel'schen Theorems auf die Funktionen $\Phi$, läfst sich gerade wie dieses Theorem umkehren. Diese Umkehrung zusammen mit dem Vorigen liefert den

**Satz IV⁰)** Damit eine Funktion $\Phi$ existiere, die innerhalb $T'$ einwertig sei, die Punkte $\beta_1 \ldots \beta_q$ zu Nullpunkten, die Punkte $\gamma_1 \ldots \gamma_q$ zu Unstetigkeitspunkten 1. Ordnung besitze und an $a_\lambda$, $b_\lambda$ die Multiplikatoren $m_\lambda$, $n_\lambda$ ausscheide, ist es erforderlich und ausreichend, dafs die $p$ Beziehungen II⁰) erfüllt seien, worin $g_\lambda$, $h_\lambda$ ganze Zahlen bezeichnen.

Um nun die Existenz einer Funktion $\Phi$ mit beliebig vorgeschriebenen Multiplikatoren $m_\lambda$, $n_\lambda$ nachzuweisen, bilden wir das $\vartheta$-Produkt:

$$L = \vartheta\left(\left(u_\mu - f'_\mu\right)\right) . \vartheta\left(u_\mu . f_\mu^{(2)}\right)\right) \;..\; \vartheta\left(\left(u_\mu - f_\mu^{(r)}\right)\right),$$

das $= 0^1$ wird in den $rp$ Punkten $\gamma_1 \ldots \gamma_{rp}$, die wir uns so gewählt und so auf die $r$ $\vartheta$-Funktionen verteilt denken, dafs vermöge der durch diese Wahl sich ergebenden Werte der Parameter $f'_\mu, \ldots f_\mu^{(r)}$ keine der $r$ $\vartheta$-Funktionen identisch verschwindet.

Desgleichen bilden wir ein zweites $\vartheta$-Produkt:

$$K = \vartheta\left(\left(u_\mu - e_\mu^{(1)}\right)\right) . \vartheta\left(\left(u_\mu - e_\mu^{(2)}\right)\right) \ldots \vartheta\left(\left(u_\mu - e_\mu^{(r)}\right)\right)$$

mit noch unbestimmten Parametern $e_\mu^{(1)}, \ldots e_\mu^{(r)}$ und suchen in dem Ausdrucke

$$\text{III}^0) \qquad Q = \frac{K}{L} . e^{-2 \sum\limits_{\mu=1}^{p} k_\mu . u_\mu (o)} = \frac{K}{L} . v$$

die Parameter $e_\mu^{(1)}, \ldots e_\mu^{(r)}$ und die Gröfsen $k_\mu$ ($\mu = 1 \quad p$) so zu bestimmen, dafs $Q$ an $a_\lambda$, $b_\lambda$ die Multiplikatoren $m_\mu$, $n_\lambda$ ausscheidet.

Es ist:

$$1^0) \qquad \text{an } a_\lambda: \left(\frac{K}{L}\right)^{+} = \left(\frac{K}{L}\right)^{-}, \quad \overset{+}{v} = \overset{-}{v} . e^{-2\pi i . k_\lambda}$$

und daher: $\overset{+}{Q} = \overset{-}{Q} \, . \, e^{-2\pi i \, . \, k_\lambda}$;

2.) an $b_\lambda$: $\overset{+}{K} = \overset{-}{K} \, . \, e^{-r(a_{\lambda\lambda} + 2\bar{u}_\lambda(o)) + 2\sum_{\sigma=1}^{r} e_\lambda^{(\sigma)}}$,

$$\overset{+}{L} = \overset{-}{L} \, . \, e^{-r(a_{\lambda\lambda} + 2\bar{u}_\lambda(o)) + 2\sum_{\sigma=1}^{r} f_\lambda^{(\sigma)}},$$

$$\overset{+}{v} = v \;\; e^{-2\sum_{\mu=1}^{p} k_\mu \, . \, a_{\mu\lambda}},$$

und daher

$$\overset{+}{Q} = \overset{-}{Q} \, . \, e^{2\sum_{\sigma=1}^{r}\left(e_\lambda^{(\sigma)} - f_\lambda^{(\sigma)}\right) - 2\sum_{\mu=1}^{p} k_\mu \, . \, a_{\mu\lambda}}$$

Für die Parameter $e_\mu^{(1)} \ldots e_\mu^{(r)}$ und die Gröſsen $k_\mu$ erhalten wir so die Beziehungen:

$$e^{-2\pi i \, . \, k_\lambda} = m_\lambda,$$

$$e^{2\sum_{\sigma=1}^{r}\left(e_\lambda^{(\sigma)} - f_\lambda^{(\sigma)}\right)} \, . \, e^{-2\sum_{\mu=1}^{p} k_\mu \, a_{\mu\lambda}} = n_\lambda,$$

aus denen sich ergiebt:

IV.) $$k_\lambda = -\frac{1}{2\pi i} \, . \log m_\lambda \qquad (\lambda = 1, 2 \ldots p).$$

V.) $$2\sum_{\sigma=1}^{r}\left(e_\lambda^{(\sigma)} - f_\lambda^{(\sigma)}\right) = \log n_\lambda - \frac{1}{\pi i}\sum_{\mu=1}^{p} a_{\mu\lambda} \, . \log m_\mu \, .$$

Wählt man die Gröſsen $k_\lambda, e_\lambda^{(\sigma)}$ so, daſs diese Beziehungen IV.) und V.) erfüllt sind, so stellt der Ausdruck $Q$ in III.) eine Funktion $\Phi$ von $z$ mit den Multiplikationen $m_\lambda, n_\lambda$ dar. Diese Funktion hat $rp$ Nullpunkte und ebensoviel Unstetigkeitspunkte. Fallen einige der Nullpunkte mit ebensoviel Unstetigkeitspunkten zusammen, so wird die Ordnung $q$ von $Q$ entsprechend kleiner.

Wenn sich auf Grund der Beziehungen V.) Parameter $e_\lambda^{(\sigma)}$ ergeben sollten, für welche einer oder mehrere der im Zähler von $Q$ auftretenden $\vartheta$-Faktoren identisch Null würden, so hätte man nur diese $\vartheta$-Faktoren durch passend gewählte, nicht identisch verschwindende Sekundärreihen zu ersetzen, und erhielte wieder einen Ausdruck $Q$ mit den geforderten Eigenschaften. Dies giebt den

**Satz V°)** Funktionen $\Phi$ mit vorgeschriebenen Multiplikatoren $m_\lambda$, $n_\lambda$ ($\lambda = 1 \ldots p$) giebt es auf jeden Fall, wie auch die Gröſsen $m_\lambda, n_\lambda$ gewählt sein mögen, und der Ausdruck $Q$ in III°) stellt eine solche Funktion dar.

Umgekehrt, läſst sich aber auch jede vorgegebene Funktion $\Phi_{m_\lambda n_\lambda}$ (wo die Indices die Multiplikatoren anzeigen) durch einen Ausdruck von der Form III°) darstellen.

Nach Satz IV°) ist die notwendige und ausreichende Bedingung für die Existenz einer Funktion $\Phi_{m_\lambda n_\lambda}$ die, daſs zwischen ihren Nullpunkten $\beta_1 \ldots \beta_q$ und ihren Unstetigkeitspunkten $\gamma_1 \ldots \gamma_q$ die $p$ Beziehungen

$$\sum_{\varkappa=1}^{q}(u_\mu(\beta_\varkappa) - u_\mu(\gamma_\varkappa)) = \frac{1}{2}\log n_\mu - \frac{1}{2\pi i}\sum_{\lambda=1}^{p} a_{\mu\lambda} \,.\, \log m_\lambda$$

$$(\mu = 1, 2 \ldots p)$$

bestehen, bei geeigneter Wahl der $q$ Integrationswege von $\gamma_\varkappa$ nach $\beta_\varkappa$. — Sind diese Bedingungen erfüllt, so gelangt man zur Darstellung von $\Phi_{m_\lambda n_\lambda}$ auf folgende Weise. Auf Grund der Relationen

$$e_\mu \equiv \sum_{\varkappa=1}^{p} u_\mu(\varepsilon_\varkappa) - K_\mu, \qquad (\mu = 1 \ldots p)$$

die zwischen den Parametern $e_\mu$ irgend einer $\vartheta$-Funktion $\vartheta((u_\mu - e_\mu))$ und ihren Nullpunkten $\varepsilon_1 \ldots \varepsilon_p$ bestehen, denkt man sich im $\vartheta$-Produkte

$$L = \vartheta((u_\mu - f_\mu^{(1)})) \,.\, \vartheta((u_\mu - f_\mu^{(2)})) \ldots \vartheta((u_\mu - f_\mu^{(r)}))$$

die Parameter $f_\mu^{(1)} \ldots f_u^{(r)}$ so bestimmt, daſs $L = 0^1$ wird in

$$\gamma_1 \quad \gamma_q$$

und in $rp - q$ weiteren Punkten

$$\delta_1 \ldots \delta_{rp-q},$$

die so gewählt und zusammen mit $\gamma_1 \ldots \gamma_q$ so auf die $r\,\vartheta$-Faktoren von $L$ verteilt werden, dafs keiner dieser Faktoren identisch Null wird.

Desgleichen bestimmt man im $\vartheta$-Produkte

$$K = \vartheta\,((u_\mu - e_\mu^{(1)})) \;\ldots\ldots\; \vartheta\,((u_\mu - e_\mu^{(r)}))$$

die Parameter $e_\mu^{(1)} \ldots e_1^{(r)}$ so, dafs $K = 0^1$ wird

$$\text{in } \beta_1 \ldots \beta_q$$
$$\text{und in } \delta_1 \;\; . \delta_{rp-q},$$

wobei diese $rp$ Nullpunkte so auf die $r\,\vartheta$-Faktoren verteilt werden, dafs keiner derselben identisch Null wird. Diese Verteilung wird, da wir zu Anfang über die Zahl $r$ und die Punkte $\delta_1 \ldots \delta_{rp-q}$ frei verfügen können, immer möglich sein; sollten sich bei fest angenommenem Werte der Zahl $r$ und nach Wahl der Punkte $\delta_1 \ldots \delta_{rp-q}$ Parameterwerte $e_\mu^{(\sigma)}$ ergeben, für welche einer oder mehrere der $\vartheta$-Faktoren von $L$ identisch verschwinden, so hätte man nur die Faktoren durch passende Sekundärreihen zu ersetzen; an der funktionentheoretischen Natur von $K$ würde dadurch nichts geändert.

Die Funktion

$$Q = \frac{K}{L} \cdot e^{-2\sum\limits_{\mu=1}^{p} k_\mu \cdot u_\mu(o)},$$

wo

$$k_\mu = -\frac{1}{2\pi i} \log m_\mu$$

ist, wird dann $0^1$ in $\beta_1 \ldots \beta_q$ und $\infty^1$ in $\gamma_1 \ldots \gamma_q$, ist sonst in $T'$ überall eindeutig und stetig und scheidet am Querschnitte $a_\lambda$ den Faktor

$$e^{-2\pi i \,.\, k_\lambda} = m_\lambda,$$

und an $b_\lambda$ den Faktor

$$e^{2\sum\limits_{\varkappa=1}^{q} (u_\lambda(\beta_\varkappa) - u_\lambda(\gamma_\varkappa)) - 2\sum\limits_{\mu=1}^{p} k_\mu \cdot a_{\mu\lambda}}$$

aus. Beachtet man nun, dafs nach Voraussetzung:

$$2\sum_{\varkappa=1}^{q} (u_\lambda(\beta_\varkappa) - u_\lambda(\gamma_\varkappa)) = \log n_\lambda - \frac{1}{\pi i} \sum_{\mu=1}^{p} \log m_\mu \,.\, a_{\mu\lambda}$$

ist, so sieht man, dafs an $b_\lambda$: $\overset{+}{Q} = \overset{-}{Q} \cdot e^{\log n_\lambda}$

d. h. $\overset{+}{Q} = \overset{-}{Q} \cdot n_\lambda$ ist.

Die so bestimmte Funktion $Q$ hat also mit der gegebenen Funktion $\Phi_{m_\lambda n_\lambda}$ alle Null- und Unstetigkeitspunkte gemein, scheidet an den Querschnitten $a_\lambda \cdot b_\lambda$ dieselben Faktoren aus, wie $\Phi_{m_\lambda n_\lambda}$ und ist wie letztere Funktion sonst in $T'$ überall eindeutig und stetig. Es kann sich daher $Q$ von $\Phi_{m_\lambda n_\lambda}$ nur um einen konstanten Faktor $C$ unterscheiden, und wir haben den

**Satz VI.**[9]) Jede Funktion $\Phi_{m_\lambda n_\lambda}$ läfst sich darstellen in der Form:

$$\Phi_{m_\lambda n_\lambda} = C \cdot \frac{\vartheta((u_\mu - e_\mu^{(1)})) \ldots \vartheta((u_\mu - e_\mu^{(r)}))}{\vartheta((u_\mu - f_\mu^{(1)})) \ldots \vartheta((u_\mu - f_\mu^{(r)}))} \cdot e^{-2 \sum\limits_{\mu=1}^{p} k_\mu \, u_\mu(o)},$$

worin $$k_\mu = -\frac{1}{2\pi i} \cdot \log m_\mu,$$

$$2 \sum_{\sigma=1}^{r} (e_\mu^{(\sigma)} - f_\mu^{(\sigma)}) = \log n_\mu - \frac{1}{\pi i} \sum_{\lambda=1}^{p} a_{\mu\lambda} \log m_\lambda \qquad \text{ist.}$$

Setzt man eine Funktion $\Phi_{m_\lambda n_\lambda}$ innerhalb $T'$ auf beliebigem Wege stetig fort, so scheidet sie jedesmal beim Überschreiten eines Querschnitts $a_\lambda$, $b_\lambda$ einen Faktor $m_\lambda$, $n_\lambda$ aus. Eine derartige Funktion nimmt also im allgemeinen in jedem Punkte von $T$ unendlich viele Werte an, und der Quotient je zweier solcher Werte ist ein Produkt von Potenzen der Multiplikatoren $m_\lambda$, $n_\lambda$. Soll nun $\Phi_{m_\lambda n_\lambda}$ eine algebraische Funktion von $z$ sein, d. h. in jedem Punkte von $T$ nur eine endliche Anzahl von Werten annehmen können, so mufs es eine positive ganze Zahl $m$ geben, so dafs zugleich

$$m_\lambda^m = 1, \; n_\lambda^m = 1$$

ist für $\lambda = 1, 2 \ldots p$, d. h. $m_\lambda, n_\lambda$ müssen Einheitswurzeln desselben Grades $m$ sein. Setzt man dann

$$m_\lambda = e^{-2\pi i \cdot k_\lambda}, \; n_\lambda = e^{2\pi i \cdot k'_\lambda}, \qquad (\lambda = 1, 2 \ldots p)$$

so müssen $k_\lambda$ und $k'_\lambda$ von der Form:

$$k_\lambda = \frac{h_\lambda}{m}, \quad k'_\lambda = \frac{g_\lambda}{m}$$

sein, worin $g_\lambda, k_\lambda$ positive ganze Zahlen bezeichnen, die kleiner als $m$ sind. Unter diesen Voraussetzungen über $m_\lambda, n_\lambda$ scheidet die $m^{\text{te}}$ Potenz von $\Phi_{m_\lambda n_\lambda}$ an allen Querschnitten von $T'$ den Faktor 1 aus, ist also eine algebraische Funktion der Klasse. $\Phi_{m_\lambda n_\lambda}$ selbst ist daher die $m^{\text{te}}$ Wurzel aus einer Funktion der Klasse, deren Null- und Unstetigkeitspunkte alle von der $m^{\text{ten}}$ Ordnung sind, also eine Wurzelfunktion $m^{\text{ten}}$ Grades.

Aus den bisherigen Betrachtungen ergiebt sich der

**Satz VII[0])** Bedeutet $m$ irgend eine positive ganze Zahl, so stellt der Ausdruck

$$\frac{\vartheta((u_\mu - e_\mu^{(1)}))\ldots\vartheta((u_\mu - e_\mu^{(r)}))}{\vartheta((u_\mu - f_\mu^{(1)}))\ldots\vartheta((u_\mu - f_\mu^{(r)}))}\cdot e^{-\frac{2}{m}\sum_{\lambda=1}^{p} h_\lambda\cdot u_\lambda(o)}$$

worin die Parameter $e_\mu^{(\sigma)}, f_\mu^{(\sigma)}$ den $p$ Beziehungen

$$\sum_{\sigma=1}^{r}(e_\mu^{(\sigma)} - f_\mu^{(\sigma)}) = \frac{1}{m}(g_\mu \pi i + \sum_{\lambda=1}^{p} h_\lambda a_{\mu\lambda}) = \frac{(gh)_\mu}{m},$$

$$(\mu = 1, 2 \ldots p)$$

genügen, und die $g_\mu$ und $h_\lambda$ positive ganze Zahlen bezeichnen, die kleiner als $m$ sind, eine Wurzelfunktion $m^{\text{ten}}$ Grades dar. Umgekehrt läſst sich jede Wurzelfunktion $m^{\text{ten}}$ Grades durch einen Ausdruck von der obigen Form darstellen.

Die vorigen Betrachtungen beschränken sich auf Quotienten von $\vartheta$-Funktionen mit den Argumenten $u_\mu - e_\mu$; Quotienten von $\vartheta$-Funktionen mit allgemeineren Argumenten

$$V_\mu = \sum_{\varkappa=0}^{q}\int_{a_\varkappa}^{z_\varkappa} d\,u_\mu$$

sind von Herrn Stahl untersucht worden. Siehe Journal f. Math. Bd. 89 pag. 111.

## § 11. Über Wurzelfunktionen zweiten Grades.

In § 7 haben wir Funktionen $\psi\binom{n-1\ m-1}{s}$ und $\varphi\binom{n-2\ m-2}{s\ ,\ z}$ von $z$ kennen gelernt, die in $p$ resp. $p-1$ Punkten von $T$ gleich $0^2$ werden. Von diesen Funktionen haben wir gesehen, dafs jede von ihnen bei gegebener kanonischer Zerschneidung von $T$, einer bestimmten zweiteiligen Charakteristik

$$[h\,g]=\begin{bmatrix} h \\ g \end{bmatrix}=\begin{bmatrix} h_1\ \ldots h_\lambda \ldots h_p \\ g_1 \ldots g_\lambda \ldots g_p \end{bmatrix},$$

in der die Gröfsen $g_\lambda$, $h_\lambda$ auf die Werte 0 und 1 beschränkt sind, so zugeordnet ist, dafs die $\vartheta$-Funktion $\vartheta\begin{bmatrix} h \\ g \end{bmatrix}((u_\mu^{z\varepsilon}))$, wenn $\begin{bmatrix} h \\ g \end{bmatrix}$ gerade ist, die $p$ Nullpunkte zweiter Ordnung einer Funktion $\psi$, und wenn $\begin{bmatrix} h \\ g \end{bmatrix}$ ungerade ist, die $p-1$ Nullpunkte zweiter Ordnung einer Funktion $\varphi$ und aufserdem noch den Punkt $\varepsilon$ zu Nullpunkten hat.

Die Quadratwurzeln $\sqrt{\psi}$, $\sqrt{\varphi}$ nennen wir kurz Wurzelformen, die $\sqrt{\varphi}$ auch, nach Riemann, Abel'sche Funktionen im engeren Sinne.

Bildet man Quotienten

$$1^\circ)\qquad \sqrt{\frac{\psi_{[\mu]}}{\psi_{[\nu]}}},\ \sqrt{\frac{\varphi_{[\mu']}}{\varphi_{[\nu']}}}$$

von Wurzelformen $\sqrt{\psi}$ resp. $\sqrt{\varphi}$, wo die Indices $[\mu]$, $[\nu]$, $[\mu']$, $[\nu']$ die Charakteristiken

$$[\mu]=\begin{bmatrix} h^{(\mu)} \\ g^{(\mu)} \end{bmatrix},\quad [\nu]=\begin{bmatrix} h^{(\nu)} \\ g^{(\nu)} \end{bmatrix},\quad [\mu']=\begin{bmatrix} h^{(\mu')} \\ g^{(\mu')} \end{bmatrix},\quad [\nu']=\begin{bmatrix} h^{(\nu')} \\ g^{(\nu')} \end{bmatrix}$$

bezeichnen, und die Charakteristiken in Zähler und Nenner verschieden sind, so stellen diese Quotienten Wurzelfunktionen zweiten Grades in dem früher angegebenen Sinne dar, und Satz VI° § 7 ermöglicht eine Darstellung dieser Funktionen durch Quotienten von $\vartheta$-Funktionen.

Sind nämlich

2°) $$[\mu] = \begin{bmatrix} h_1^{(\mu)} \dots h_\lambda^{(\mu)} & h_p^{(\mu)} \\ g_1^{(\mu)} & . g_\lambda^{(\mu)} \dots g_p^{(\mu)} \end{bmatrix}$$

und

3°) $$[\nu] = \begin{bmatrix} h_1^{(\nu)} \dots h_\lambda^{(\nu)} \dots h_p^{(\nu)} \\ g_1^{(\nu)} \dots g_\lambda^{(\nu)} \dots g_p^{(\nu)} \end{bmatrix}$$

die den Quadraten von Zähler und Nenner einer Wurzelfunktion

4°) $$\Phi_{[\mu\nu]} = \sqrt{\frac{\varphi_{[\mu]}}{\varphi_{[\nu]}}}$$

zugeordneten ungeraden Charakteristiken, so ist der Quotient

$$\left( \frac{\vartheta_{[\mu]}\,((u_\mu^{z\varepsilon}))}{\vartheta_{[\nu]}\,((u_\mu^{z\varepsilon}))} \right)^2$$

eine Funktion der Klasse, die mit der Funktion der Klasse

$$\Phi_{[\mu\nu]}^2 = \frac{\varphi_{[\mu]}}{\varphi_{[\nu]}}$$

alle Nullpunkte und Unstetigkeitspunkte gemein hat, sich von dieser Funktion also nur durch einen konstanten Faktor unterscheiden kann.

Es ist daher:

I°) $$\frac{\vartheta_{[\mu]}\,((u_\mu^{z\varepsilon}))}{\vartheta_{[\nu]}\,((u_\mu^{z\varepsilon}))} = C \sqrt{\frac{\varphi_{[\mu]}}{\varphi_{[\nu]}}},$$

wo $C$ eine von $z$ unabhängige Konstante bedeutet.

Ebenso gilt für jede Funktion

5°) $$\Psi_{[\mu\nu]} = \sqrt{\frac{\psi_{[\mu]}}{\psi_{[\nu]}}}$$

die Darstellungsformel

II°) $$\frac{\vartheta_{[\mu]}\,((u_\mu^{z\varepsilon}))}{\vartheta_{[\nu]}\,((u_\mu^{z\varepsilon}))} = C \,.\, \sqrt{\frac{\psi_{[\mu]}}{\psi_{[\nu]}}},$$

worin wieder $C$ eine von $z$ unabhängige Konstante bedeutet, und $[\mu]$, $[\nu]$ gerade Charakteristiken bezeichnen.

Aus I$^0$) und II$^0$) ergiebt sich weiter: eine Wurzelfunktion $\Phi_{[\mu\nu]}$ oder $\psi_{[\mu\nu]}$ ist in $T'$ eindeutig und scheidet

$$\text{an } a_\lambda \text{ den Faktor } (-1)^{h_\lambda^{(\mu)} - h_\lambda^{(\nu)}},$$

$$\text{an } b_\lambda \qquad (-1)^{g_\lambda^{(\mu)} - g_\lambda^{(\nu)}},$$

aus. Wir drücken letzteres dadurch aus, dafs wir sagen: eine Wurzelfunktion $\Phi_{[\mu\nu]}$ oder $\psi_{[\mu\nu]}$ ist der Differenz (oder, da die $h$ und $g$ auf die Werte 0 und 1 beschränkt sind, der Summe) der Charakteristiken $[\mu]$ und $[\nu]$ zugeordnet. Analog sprechen wir von einer Zuordnung einer Wurzelform $\sqrt{\psi_{[\mu]}}$ oder $\sqrt{\varphi_{[\mu]}}$ zur Charakteristik $[\mu]$.

Aus der Zuordnung der Wurzelformen $\sqrt{\psi}, \sqrt{\varphi}$ zu zweiteiligen Charakteristiken ergiebt sich ferner der

**Satz I$^0$) Keine der Wurzelfunktionen zweiten Grades**

$$\Psi_{[\mu\nu]}, \quad \Phi_{[\mu\nu]}$$

**kann eine Funktion der Klasse sein.**

Beweis: Wäre eine Wurzelfunktion $\Psi_{[\mu\nu]}$ oder $\Phi_{[\mu\nu]}$ eine Funktion der Klasse, so müfste die Differenz (oder Summe) der nach Voraussetzung verschiedenen Charakteristiken $[\mu]$, $[\nu]$ die Charakteristik

$$[0] = \begin{bmatrix} 0 \ldots 0 \;..\; 0 \\ 0 \quad\; 0 \;..\; 0 \end{bmatrix}$$

ergeben; dies ist aber unmöglich, da sich die Charakteristik $[0]$ nur als Differenz (oder Summe) von zwei gleichen Charakteristiken darstellen läfst.

Die einer Wurzelfunktion zugeordnete Charakteristik heifst Periodencharakteristik, und es giebt im ganzen $2^{2p}-1$ eigentliche Periodencharakteristiken, da die Charakteristik $[0]$, wie aus dem vorigen Satze folgt, keiner wirklichen Wurzelfunktion zugeordnet ist. Diese Charakteristik $[0]$, welche einer Funktion der Klasse zugeordnet ist, nennt man wohl auch die uneigentliche Periodencharakteristik.

Die Periodencharakteristiken sind mit den bislang betrachteten $\vartheta$-Charakteristiken nicht zu verwechseln. Diese letzteren werden erst dann zu Periodencharakteristiken, wenn man sie relativ zur $\vartheta$-Funktion $\vartheta((u_\mu - e_\mu)$ betrachtet, d. h. wenn man der an sich nicht ausgezeichneten $\vartheta$-Charakteristik [0] eine bevorzugte Stellung einräumt.

Der Unterschied zwischen Periodencharakteristiken und $\vartheta$-Charakteristiken tritt sehr deutlich hervor in der Theorie der Transformation der $\vartheta$-Funktion, worauf wir jedoch in diesem Werke nicht näher eingehen.*)

An Satz I$^0$) schliefst sich weiter an:

**Satz II$^0$)** Die Systeme der Null- und Unstetigkeitspunkte einer Wurzelfunktion $\Psi_{[\mu\nu]}$ oder $\Phi_{[\mu\nu]}$ können nicht zusammengehörige Punktsysteme der Klasse sein.

Beweis: Angenommen, es gebe eine Funktion $\tau$ der Klasse, die in denselben Punkten und zu derselben Ordnung Null und $\infty$ wird, wie eine Wurzelfunktion zweiten Grades, etwa wie $\Phi_{[\mu\nu]}$; dann ist

$$Z = \frac{\Phi_{[\mu\nu]}}{\tau}$$

eine algebraische Funktion von $z$, die in $T'$ eindeutig ist, in dieser Fläche weder 0 noch $\infty$ wird, und

$$\text{an } a_\lambda \text{ den Faktor } (-1)^{h_\lambda^{(\mu)} - h_\lambda^{(\nu)}} = \varepsilon_\lambda,$$

$$b_\lambda \qquad (-1)^{g_\lambda^{(\mu)} - g_\lambda^{(\nu)}} = \varepsilon_\lambda',$$

ausscheidet. Es ist dann ferner $\log Z$ eine Funktion von $z$, die (weil sie in $T'$ nicht $\infty$ wird), in $T'$ eindeutig ist, nirgends $\infty$ wird, und deren Verhalten an den Querschnitten dadurch charakterisiert wird, dafs

$$\text{an } a_\lambda: \overset{+}{\log} Z = \overset{-}{\log} Z + \log \varepsilon_\lambda,$$

$$b_\lambda: \overset{+}{\log} Z = \overset{-}{\log} Z + \log \varepsilon_\lambda'$$

ist. Es ist somit $\log Z$ ein Integral $w$ I. Gattung, und daher

$$Z = e^w.$$

*) Siehe etwa H. Stahl: Theorie d. Ab. Funktionen, achter Abschnitt.

Da nun die Querschnittsfaktoren $\varepsilon_\lambda$, $\varepsilon'_\lambda$ gleich $\pm 1$ sind, so ist $Z^2 = e^{2w}$ eine Funktion von $z$, die in $T'$ überall eindeutig und stetig ist, und an den Querschnitten $a_\lambda$, $b_\lambda$ die Faktoren $\varepsilon_\lambda^2 = \varepsilon_\lambda'^2 = 1$ ausscheidet, also eine Konstante. $Z$ ist daher ebenfalls konstant, und die Wurzelfunktion $\Phi_{[\mu\nu]}$ läfst sich darstellen in der Form:

$$\Phi_{[\mu\nu]} = c \, . \, \tau,$$

wo $c$ eine Konstante bezeichnet. Dies ist aber nach Satz I.) unmöglich.

---

## § 12. Beziehungen zwischen Wurzelformen.

Addiert man zu einer beliebigen Charakteristik $[\varepsilon]$ eine andere Charakteristik $[\varkappa]$, so erhält man wieder eine der $2^{2p}$ ursprünglichen Charakteristiken, d. h.:

$$[\varepsilon] + [\varkappa] = [\lambda],$$

oder

$$[\varepsilon] = [\varkappa] + [\lambda].$$

Diese letztere Beziehung liefert die Zerlegung einer Charakteristik in zwei andere. — Addiert man zu einer Charakteristik $[\varepsilon]$ der Reihe nach alle $2^{2p}$ Charakteristiken, so erhält man ebensoviele Zerlegungen von $[\varepsilon]$ in je zwei. Da aber

$$[\varepsilon] + [\varkappa] = [\lambda]$$

und

$$[\varepsilon] + [\lambda] = [\varkappa]$$

zu derselben Zerlegung $[\varepsilon] = [\varkappa] + [\lambda]$ führen, so ergiebt sich, dafs jede Charakteristik $[\varepsilon]$ auf $2^{2p-1}$ Arten in zwei andere zerlegt werden kann. Ausgenommen hiervon ist die Charakteristik $[0]$, die nur in zwei gleiche Charakteristiken zerlegt werden kann. — Die wichtigsten dieser Zerlegungen sind die in zwei ungerade Charakteristiken: wir wollen hier nur den Satz mitteilen, dafs jede Charakteristik sich auf $2^{p-2}(2^{p-1} - 1)$ Arten in zwei ungerade Charakteristiken zerlegen läfst.

Es seien nun

$$\sqrt{\chi_{[\varkappa]}}, \ \sqrt{\chi_{[\lambda]}}$$

irgend zwei Wurzelformen zu den Charakteristiken $[\varkappa]$, $[\lambda]$.

Ihr Produkt

$$\sqrt{\chi_{[\varkappa]} \cdot \chi_{[\lambda]}}$$

ist dann, wie leicht zu sehen, der Charakteristik:

$$[\varepsilon] = [\varkappa] + [\lambda]$$

zugeordnet. Da aber, nach dem Vorigen, diese Charakteristik $[\varepsilon]$ sich auf mannigfache Art in die Summe von je zwei Charakteristiken zerlegen läfst, so giebt es eine ganze Reihe von Produkten von je zwei Wurzelformen, die der nämlichen Charakteristik $[\varepsilon]$ zugeordnet sind. Auf diesem Umstande beruht eine Reihe von Sätzen über Produkte von Wurzelformen, von denen wir nur die einfachsten ableiten wollen. Zugleich beschränken wir uns auf diejenigen Produkte von je zwei Wurzelformen, in denen die zwei Faktoren entweder beide Funktionen $\sqrt{\psi}$ oder beide Funktionen $\sqrt{\varphi}$ sind. Mit andern Worten: wir berücksichtigen nur diejenigen Zerlegungen einer Charakteristik $[\varepsilon]$, in denen die zwei Teilcharakteristiken $[\varkappa]$ und $[\lambda]$ entweder beide gerade oder beide ungerade sind.

**Satz I.**[0] Ist $[\varepsilon] = [\varkappa] + [\lambda] = [\mu] + [\nu]$,
so ist

$$\sqrt{\frac{X_{[\varkappa]} \cdot X_{[\lambda]}}{X_{[\mu]} \cdot X_{[\nu]}}}$$

eine Funktion der Klasse, und umgekehrt.*)

Beweis: Gemäfs der Voraussetzung:

$$[\varkappa] + [\lambda] = [\mu] + [\nu],$$

oder $$[\varkappa] - [\mu] = [\nu] - [\lambda] = [\lambda] - [\nu],$$

scheiden die zwei Wurzelfunktionen

$$\sqrt{\frac{X_{[\varkappa]}}{X_{[\mu]}}} \quad \text{und} \quad \sqrt{\frac{X_{[\lambda]}}{X_{[\nu]}}}$$

an den Querschnitten $a_\lambda, b_\lambda$ $(\lambda = 1 \ldots p)$ dieselben Potenzen von $(-1)$ aus. Ihr Produkt scheidet also an allen Quer-

*) Siehe für das Folgende: Weber, Abel'sche Fkt. vom Geschlecht $p = 3$, pag. 81 ff.

schnitten den Faktor $+1$ aus, w. z. b. w. — Umkehrung leicht.

**Satz II°)** Zwischen je $p$ Produkten

$$\sqrt{\varphi_{[\varkappa]_i} \quad \varphi_{[\lambda]_i}} \qquad (i = 1, 2 \ldots p)$$

mit derselben Charakteristik besteht eine lineare homogene Gleichung

$$\sum_{i=1}^{p} c_i \cdot \sqrt{\varphi_{[\varkappa]_i} \cdot \varphi_{[\lambda]_i}} = 0 \tag{1°)}$$

mit konstanten Koëffizienten $c_1, c_2 \ldots c_p$.

Beweis: Bildet man die $p-1$ Funktionen der Klasse

$$\sqrt{\frac{\varphi_{[\varkappa]_1} \cdot \varphi_{[\lambda]_1}}{\varphi_{[\varkappa]_p} \cdot \varphi_{[\lambda]_p}}} \qquad \sqrt{\frac{\varphi_{[\varkappa]_2} \cdot \varphi_{[\lambda]_2}}{\varphi_{[\varkappa]_p} \cdot \varphi_{[\varkappa]_p}}} \qquad \sqrt{\frac{\varphi_{[\varkappa]_{p-1}} \cdot \varphi_{[\lambda]_{p-1}}}{\varphi_{[\varkappa]_p} \cdot \varphi_{[\lambda]_p}}}$$

so werden alle diese Funktionen $\infty^1$ in denselben $q = 2p - 2$ Punkten, und diese Punkte bilden ein Punktsystem II. Gattung. Nach dem Riemann-Roch'schen Satz läfst sich also irgend eine dieser $p-1$ Funktionen der Klasse als lineare, nicht homogene Funktion der $p-2$ übrigen darstellen. Hebt man dann noch mit dem gemeinsamen Nenner $\sqrt{\varphi_{[\varkappa]_p} \cdot \varphi_{[\lambda]_p}}$ weg, so erhält man eine lineare, homogene Gleichung mit konstanten Koeffizienten zwischen den $p$ Produkten $\sqrt{\varphi_{[\varkappa]_i} \cdot \varphi_{[\lambda]_i}}$, w. z. b. w.

Auf analoge Weise ergiebt sich der

**Satz III°)** Zwischen je $p+2$ Produkten:

$$\sqrt{\psi_{[\varkappa]_i} \cdot \psi_{[\lambda]_i}} \qquad (i = 1, 2 \ldots p)$$

mit derselben Charakteristik besteht eine lineare homogene Gleichung

$$\sum_{i=1}^{p+2} c_i \cdot \sqrt{\psi_{[\varkappa]_i} \cdot \psi_{[\lambda]_i}} = 0 \tag{2°)}$$

mit konstanten Koeffizienten $c_1, c_2, \ldots c_{p+2}$.

Von besonderer Wichtigkeit sind die im Satz II°) nachgewiesenen Beziehungen 1°). Bildet man $p-2$ unabhängige

Gleichungen von der Form 1°) und denkt man sich in denselben die $\varphi_{[\varkappa]_i}, \varphi_{[\lambda]_i}$ ausgedrückt durch $p$ linear unabhängige $\varphi$-Funktionen $\varphi_1 \dots \varphi_p$, so liefert die Elimination von $p-3$ Funktionen $\varphi_4 \dots \varphi_p$ aus diesen $p-2$ Gleichungen eine homogene Gleichung in $\varphi_1, \varphi_2, \varphi_3$, welche ebenso wie die Grundgleichung $F\left(\overset{n}{s}, \overset{m}{z}\right) = 0$ zur Definition der Klasse benutzt werden kann.

Im Falle $p = 3$ sind die Gleichungen 1°), wenn man noch über die willkürlichen konstanten Faktoren in geeigneter Weise verfügt, von der Form:

3°) $$\sqrt{\varphi_{[\varkappa]_1} \cdot \varphi_{[\lambda]_1}} + \sqrt{\varphi_{[\varkappa]_2} \cdot \varphi_{[\lambda]_2}} + \sqrt{\varphi_{[\varkappa]_3} \cdot \varphi_{[\lambda]_3}} = 0,$$

wofür man auch schreiben kann:

4°) $$\left\{\begin{aligned} & 2\sqrt{\varphi_{[\varkappa]_1} \cdot \varphi_{[\lambda]_1} \cdot \varphi_{[\varkappa]_2} \cdot \varphi_{[\varkappa]_2}} \\ & \qquad = -\varphi_{[\varkappa]_1} \cdot \varphi_{[\lambda]_1} - \varphi_{[\varkappa]_2} \cdot \varphi_{[\lambda]_2} + \varphi_{[\varkappa]_3} \cdot \varphi_{[\lambda]_3}, \\ & \text{oder} \\ & 2\sqrt{\varphi_{[\varkappa]_2} \cdot \varphi_{[\lambda]_2} \cdot \varphi_{[\varkappa]_3} \cdot \varphi_{[\lambda]_3}} \\ & \qquad = +\varphi_{[\varkappa]_1} \cdot \varphi_{[\lambda]} - \varphi_{[\varkappa]_2} \cdot \varphi_{[\lambda]_2} - \varphi_{[\varkappa]_3} \cdot \varphi_{[\lambda]_3}, \\ & \text{oder} \\ & 2\sqrt{\varphi_{[\varkappa]_3} \cdot \varphi_{[\lambda]_3} \cdot \varphi_{[\varkappa]_1} \cdot \varphi_{[\lambda]_1}} \\ & \qquad = -\varphi_{[\varkappa]_1} \cdot \varphi_{[\lambda]_1} + \varphi_{[\varkappa]_2} \cdot \varphi_{[\lambda]_2} - \varphi_{[\varkappa]_3} \cdot \varphi_{[\lambda]_3}, \end{aligned}\right.$$

oder auch, in symmetrischer Form:

5°) $$\begin{aligned} & \varphi^2_{[\varkappa]_1} \cdot \varphi^2_{[\lambda]_1} + \varphi^2_{[\varkappa]_2} \cdot \varphi^2_{[\lambda]_2} + \varphi^2_{[\varkappa]_3} \cdot \varphi^2_{[\lambda]_3} - 2\varphi_{[\varkappa]_1} \cdot \varphi_{[\lambda]_1} \cdot \varphi_{[\varkappa]_2} \cdot \varphi_{[\lambda]_2} \\ & - 2\varphi_{[\varkappa]_2} \cdot \varphi_{[\lambda]_2} \cdot \varphi_{[\varkappa]_3} \cdot \varphi_{[\lambda]_3} - 2\varphi_{[\varkappa]_3} \cdot \varphi_{[\lambda]_3} \cdot \varphi_{[\varkappa]_1} \cdot \varphi_{[\lambda]_1} = 0. \end{aligned}$$

Jede der Gleichungen 3°), 4°) und 5°) läſst sich als definierende Grundgleichung der Klasse ansehen. Die Gleichungen 4°) liefern auſserdem rationale Ausdrücke für die zwei Funktionen der Klasse:

$$\sqrt{\frac{\varphi_{[\varkappa]_1} \cdot \varphi_{[\lambda]_1}}{\varphi_{[\varkappa]_3} \cdot \varphi_{[\lambda]_3}}}, \quad \sqrt{\frac{\varphi_{[\varkappa]_2} \cdot \varphi_{[\lambda]_2}}{\varphi_{[\varkappa]_3} \cdot \varphi_{[\lambda]_3}}}.$$

Die Sätze II°) und III°) sind spezielle Fälle eines allgemeineren Satzes (siehe z. B. Stahl, Abel'sche Funktionen, pag. 244). Im folgenden berücksichtigen wir nur noch Produkte von Wurzelformen $\sqrt{\varphi}$. In dieser Beziehung gilt der

**Satz IV.⁰)** Ist die dem Produkte

6⁰) $$\sqrt{\varphi_{[\varepsilon]_1}\cdot\varphi_{[\varepsilon]_2}\cdots\varphi_{[\varepsilon]_{2\lambda+2}}}$$

zugeordnete Charakteristik

$$[\varepsilon]=[\varepsilon]_1+[\varepsilon]_2+\cdots+[\varepsilon]_{2\lambda+2}=[0],$$

so ist das Produkt 6⁰) eine ganze Funktion der Klasse.

Beweis: Dividiert man den Ausdruck 6⁰) etwa durch

$$\sqrt{\varphi_{[\varepsilon]_1}^{2\lambda+2}}=\varphi_{[\varepsilon]_1}^{\lambda+1},$$

so ist der Quotient eine Funktion der Klasse; da aber der Divisor $\varphi_{[\varepsilon]_1}^{\lambda+1}$ selbst eine ganze Funktion der Klasse ist (d. h. eine ganze rationale Funktion von $s$ und $z$), so mufs auch der den Zähler bildende Ausdruck 6⁰) eine ganze Funktion der Klasse sein.

Zum Schlusse mögen noch einige Sätze abgeleitet werden, die sich auf eine Verallgemeinerung des Begriffs einer Wurzelform beziehen. Wir verstehen in den ferneren Ausführungen dieses Paragraphen unter einer Wurzelform zweiten Grades (auch kurz Wurzelform) jeden in den $\sqrt{\varphi_{[\mu]}}$ ganzen, rationalen und homogenen Ausdruck, der die Eigenschaft besitzt, dafs alle Glieder desselben die gleiche Charakteristik haben Diese allen Gliedern gemeinsame Charakteristik heifse die Charakteristik der Wurzelform selbst. Je nach der Anzahl der Faktoren, die in jedes Glied eingehen, unterscheiden wir Wurzelformen zweiter, dritter und höherer Ordnung.

Aus dieser Definition ergiebt sich zunächst, dafs der Quotient zweier Wurzelformen gleicher Ordnung in $T'$ eindeutig ist, nur eine endliche Anzahl von Unstetigkeitspunkten besitzt und an $a_\lambda$, $b_\lambda$ Potenzen von $-1$ ausscheidet, welche durch die Differenz (oder Summe) der Charakteristiken von Zähler und Nenner gegeben sind. Sind speziell die beiden Charakteristiken gleich, so ist der Quotient eine Funktion der Klasse.

**Satz V°)** Das Produkt zweier Wurzelformen $\sqrt{\Phi_r}$, $\sqrt{\Phi_\varrho}$ von gleicher Charakteristik ist eine Funktion der Klasse, wenn die Summe $r+\varrho$ der Ordnungen der zwei Wurzelformen eine gerade Zahl ist.*)

Beweis: Es sei $r \overline{\overline{>}} \varrho$: man zerlege dann die gemeinsame Charakteristik von $\sqrt{\Phi_r}$ und $\sqrt{\Phi_\varrho}$ in $\varrho$ gleiche oder verschiedene ungerade Charakteristiken

$$[\varkappa]_1, [\varkappa]_2, \ldots [\varkappa]_\varrho,$$

zu denen die Wurzelformen (im engeren Sinne)

$$\sqrt{\varphi_{[\varkappa]_1}}, \sqrt{\varphi_{[\varkappa]_2}}, \ldots \sqrt{\varphi_{[\varkappa]_\varrho}}$$

gehören, und bilde das Produkt

$$\frac{\sqrt{\Phi_r}}{\varphi^{\frac{r-\varrho}{2}} \sqrt{\varphi_{[\varkappa]_1} \cdots \varphi_{[\varkappa]_\varrho}}} \cdot \frac{\sqrt{\Phi_\varrho}}{\sqrt{\varphi_{[\varkappa]_1} \cdots \varphi_{[\varkappa]_\varrho}}}$$

$$= \frac{\sqrt{\Phi_r \cdot \Phi_\varrho}}{\varphi^{\frac{r-\varrho}{2}} \cdot \varphi_{[\varkappa]_1} \cdot \varphi_{[\varkappa]_1} \cdot \cdot \varphi_{[\varkappa]_\varrho}}$$

worin $\varphi$ das Quadrat irgend einer Wurzelform (Abel'schen Funktion) $\sqrt{\varphi}$ bedeutet. Dieses Produkt ist, wie leicht zu sehen, eine Funktion der Klasse; da aber der Nenner bereits eine Funktion der Klasse ist, so mufs auch der Zähler eine Funktion der Klasse sein, und zwar eine Funktion, die in den $\sqrt{\varphi}$ ganz und rational ist von der Ordnung $\frac{r+\varrho}{2}$.

Aus diesem Satze folgt unmittelbar:

1°) Das Produkt zweier Wurzelformen von gleicher Ordnung und gleicher Charakteristik, und daher auch das Quadrat irgend einer Wurzelform, ist stets eine Funktion der Klasse, d. h. rational darstellbar durch $s$ und $z$.

2°) Bei gerader Ordnung $r = 2\varrho$ sind die Wurzelformen von der Charakteristik [0] selbst Funktionen der Klasse und ganze Funktionen $\varrho^{\text{ten}}$ Grades in den Quadraten der Abel'schen Funktionen $\sqrt{\varphi}$.

*) Siehe H. Weber, Abel'sche Fkt. vom Geschl. $p=3$, pag. 110 ff.

Zum Schlusse möge noch ein Satz über Wurzelfunktionen zweiter Ordnung Platz finden.

Nach Satz II.) können alle Produkte $\sqrt{\varphi_{[\varkappa]} \cdot \varphi_{[\lambda]}}$ mit derselben Charakteristik durch $p-1$ derselben linear und homogen dargestellt werden. Daraus folgt sogleich:

**Satz VI.)** Jede Wurzelform $\sqrt{\Phi_{[\varkappa]}}$ zweiter Ordnung von der Charakteristik $[\varkappa]$ läfst sich darstellen in der Form

$$\sqrt{\Phi_{[\varkappa]}} = \sum_{i=1}^{p-1} c_i \sqrt{\varphi_{[\varkappa]_i} \cdot \varphi_{[\lambda]_i}}, \tag{7.}$$

wo $c_1 \ldots c_{p-1}$ Konstanten sind, und alle Glieder der rechten Seite die Charakteristik $[\varkappa]_i + [\lambda]_i = [\varkappa]$ haben.

Wir schliefsen hiermit unsere Betrachtungen über Wurzelformen und Wurzelfunktionen und erwähnen nur noch, dafs die Wurzelfunktionen zweiten Grades $\sqrt{\frac{\chi_{[\mu]}}{\chi_{[\nu]}}}$, wo $[\mu]$ und $[\nu]$ verschiedene Charakteristiken bedeuten, in der Theorie der $\vartheta$-Reihen eine besonders merkwürdige Rolle spielen. Es lassen sich nämlich Integrale dieser Funktionen herstellen, welche in $T'$ eindeutig und überall endlich sind, und mit diesen Integralen lassen sich weiter $p-1$-fach unendliche $\vartheta$-Reihen konstruieren, deren Summe, als Funktion von $z$ betrachtet, in $T'$ nur $p-1$ einfache Nullpunkte besitzt.

## Zweiter Teil.

# Die hyperelliptischen Funktionen.

## Kapitel III.

## Die Funktionen und Integrale der Klasse.

### § 13. Die einfach zusammenhängende Fläche $T'$ und die Funktionen der Klasse.

In § 39 der Theorie der algebr. Funktionen ist nachgewiesen worden, daſs sich jede eine Klasse hyperelliptischer Funktionen vom Geschlecht $p$ definierende Grundgleichung $F\left(\overset{n}{s}, \overset{m}{z}\right) = 0$ durch birationale Transformation auf die Form:

$$1^{0}) \qquad s = \sqrt{(z-\alpha)(z-\alpha_1)(z-\alpha_2)\ldots(z-\alpha_{2p+1})}$$

bringen läſst, wo $\alpha, \alpha_1 \ldots \alpha_{2p+1}$ von einander verschiedene Werte von $z$ bezeichnen. Die durch diese Gleichung 1⁰) definierte algebraische Funktion $s$ von $z$ ist eindeutige Funktion des Ortes in einer zweiblättrigen Riemann'schen Fläche $T$, welche die Punkte $z = \alpha, \alpha_1 \ldots \alpha_{2p+1}$ zu einfachen Verzweigungspunkten hat, und besitzt in je 2 einander bedeckenden Punkten dieser Fläche $T$ entgegengesetzt gleiche Werte, die wir mit $s_1$ und $s_2$ bezeichnen. Die Werte $s_1$ mögen, was fernerhin immer angenommen ist, im oberen Blatte $E_1$ von $T$ liegen, die Werte $s_2$ im unteren Blatte $E_2$.

Die Blätter $E_1$ und $E_2$ von $T$ hängen zusammen längs Doppellinien $d, d_1, d_2 \ldots d_\mu \ldots d_p$, wo $d$ von $\alpha$ bis $\alpha_1$, $d_1$ von $\alpha_2$ bis $\alpha_3, \ldots$ $d_\mu$ von $\alpha_{2\mu}$ bis $\alpha_{2\mu+1}, \ldots d_p$ von $\alpha_{2p}$ bis

7*

$a_{2p+1}$ geht. (Vergleiche die Fig. 2, wo die Verzweigungspunkte der Übersichtlichkeit halber als in gerader Linie liegend angenommen, und die Doppellinien selbst geradlinig angelegt sind.) Geht man über eine solche Doppellinie hinweg von einem Blatte, etwa $E_1$, ins andere Blatt $E_2$, so gehen die Werte $s_1$ der Stetigkeit gemäfs über in die Werte $s_2$. Zu beiden Seiten einer Doppellinie stossen also in jedem Blatte von $T$ entgegengesetzt gleiche Werte von $s$ an.

Um die Fläche $T$ in eine einfach zusammenhängende Fläche $T'$ zu verwandeln, legen wir Querschnitte $a_\mu$, $b_\mu$ $(\mu = 1, 2 \ldots p)$ so an, wie Fig. 2 zeigt. Die gestrichelten Linien deuten dabei den Verlauf der Querschnitte im unteren Blatte $E_2$ an. Dazu müssen dann noch $p$ Schnitte $c_1 \ldots c_p$ hinzukommen; da diese jedoch im folgenden keine Rolle spielen, sind sie in der Figur nicht eingetragen.

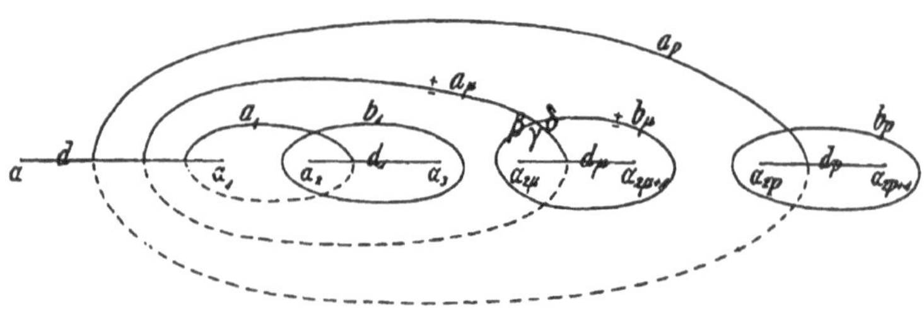

Fig.

Die Gleichung 1°) definiert eine ganze Klasse hyperelliptischer Funktionen vom Geschlecht $p$. Alle diese Funktionen der Klasse sind verzweigt, wie die Fläche $T$, d. h. eindeutige Funktionen des Ortes in $T$, und es gelten von ihnen folgende Sätze:

**Satz I°)** Jede algebraische Funktion $\tau$ der durch die Gleichung 1°) definierten Klasse läfst sich darstellen in der Form:

2°) $$\tau = \frac{K \,.\, s + L}{M \,.\, s + N},$$

wo $K, L, M, N$ ganze Funktionen von $z$ bezeichnen.

Denkt man sich in 2°) Zähler und Nenner mit $Ms - N$ multipliziert, so erhält man für $\tau$ den einfacheren Ausdruck:

$$3°) \qquad \tau = \frac{P \cdot s + Q}{R},$$

wo $P, Q, R$ wieder ganze Funktionen von $z$ bedeuten.

**Satz II°)** Jeder Ausdruck von der Form 2°) oder 3°) stellt eine algebraische Funktion der Klasse dar.

**Satz III°)** Wird eine Funktion $\tau$ der Klasse nur im Unendlichen unstetig, so ist in 3°) $R =$ konstant und

$$4°) \qquad \tau = P \cdot s + Q,$$

wo $P$ und $Q$ ganze Funktionen von $z$ sind.

Berücksichtigt man ferner, dafs für $z = \infty : s = \infty^{p+1}$ wird, so ergiebt sich:

**Satz IV°)** Wird eine Funktion $\tau$ der Klasse, die nur im Unendlichen unstetig wird, dort unstetig zu einer Ordnung, die kleiner als $p + 1$ ist, so ist $P = 0$, und $\tau$ läfst sich darstellen in der Form

$$5°) \qquad \tau = Q,$$

wo $Q$ eine ganze Funktion von $z$ ist, deren Grad in $z$ kleiner als $p + 1$ ist.

**Satz V°)** Ist eine Funktion $\tau$ der Klasse in $T$ überall stetig, so ist $\tau =$ konstans.

Die Sätze I°) bis V°) ergeben sich aus früheren allgemeinen Sätzen bei Berücksichtigung der speziellen Form der Grundgleichung 1°).

Wie bei den algebraischen Funktionen des allgemeinen Falles unterscheiden wir auch im hyperelliptischen Falle Funktionen I. Gattung und Funktionen II. Gattung. Die Ordnung $q$ der letzteren ist mindestens $= p + 1$. Bedeutet $\varkappa$ den Überschufs des Systems der Unstetigkeitspunkte einer solchen Funktion $\tau$, so ist

$$q - \varkappa = p,$$

und man kann der Funktion nach Aufprägung der $q$ Unstetigkeitspunkte noch $\varkappa$ Nullpunkte nach Belieben vorschreiben; die übrigen $q - \varkappa$ Nullpunkte von $\tau$ sind dann im allgemeinen eindeutig bestimmt, und $\tau$ selbst ist im allgemeinen vollständig bestimmt bis auf einen konstanten Faktor.

Ist $\tau$ eine Funktion I. Gattung, also darstellbar in der Form:

$$\tau = \frac{\varphi_1}{\varphi_2},$$

so sind die Unstetigkeitspunkte von $\tau$ die Nullpunkte von $\varphi_2$, die nicht zugleich Nullpunkte von $\varphi_1$ sind, und ihre Anzahl beträgt höchstens $2p - 2$. Aus der Definition des hyperelliptischen Falles (§ 38, Theorie der algebr. Funktionen) folgt aber, daſs jeder Nullpunkt einer $\varphi$-Funktion einen zweiten Nullpunkt dieser Funktion nach sich zieht. Im hyperelliptischen Fall ist also jede Funktion I. Gattung von gerader Ordnung und die Unstetigkeitspunkte sind so angeordnet, daſs, wie sich aus der im nächsten Paragraphen nachgewiesenen Form des Integranden I. Gattung oder der allgemeinen $\varphi$-Funktion ergiebt, je zwei derselben einander in der Fläche $T$ bedeckende Punkte $(s_1, z)$, $(s_2, z)$ sind. Dasselbe gilt von den Nullpunkten einer Funktion I. Gattung.

Aus dem eben Gesagten folgt sofort: Für ein gerades $p$ giebt es im hyperelliptischen Falle keine Funktion der Klasse von einer der Ordnungen: $p - 1, p - 3 \ldots 3$; für ein ungerades $p$ keine Funktion von einer der Ordnungen $p, p - 2, p - 4, \ldots 3$.

Bedeutet $\varkappa$ den Überschuſs einer hyperelliptischen Funktion I. Gattung, so kann man dieser Funktion, nachdem man ihr die Unstetigkeitspunkte aufgeprägt, noch $\varkappa$ Nullpunkte nach Belieben vorschreiben. Die übrigen $q - \varkappa$ Nullpunkte von $\tau$ sind aber dadurch nur dann eindeutig bestimmt, wenn sich unter den ersten $\varkappa$ Nullpunkten keine zwei einander bedeckende Punkte der Fläche $T$ befinden.

In der Grundgleichung 1⁰), welche eine Klasse hyperelliptischer Funktionen vom Geschlechte $p$ definiert, ist die Anzahl der linearen Faktoren des Radikanden eine gerade Zahl $2p + 2$, und sämtliche Verzweigungspunkte der zugehörigen Fläche $T$ liegen im Endlichen. Dieselbe Funktionenklasse wie 1°) definiert auch die Gleichung:

$$s = \sqrt{\frac{(z-\alpha)(z-\alpha_1)\ldots(z-\alpha_{2p+1})}{\alpha}}.$$

Läfst man in dieser Gleichung den Punkt $z=\alpha$ ins Unendliche rücken, so erhält man

$$s = \sqrt{(z-\alpha_1)(z-\alpha_2)\ldots(z-\alpha_{2p+1})};$$

diese Gleichung definiert wieder dieselbe Klasse hyperelliptischer Funktionen vom Geschlecht $p$ wie 1°), nur hat die zugehörige Fläche $T$ einen im Unendlichen liegenden Verzweigungspunkt. — Im folgenden legen wir stets die definierende Gleichung in der Form 1°) zu Grunde.

---

## § 14. Die Integrale I. Gattung.

Im allgemeinen Falle der Abel'schen Funktionen haben wir nachgewiesen, dafs es in jeder Funktionenklasse vom Geschlechte $p$ genau $p$ linear unabhängige Integranden $w'$ giebt, durch die sich alle übrigen linear und homogen ausdrücken lassen. Dasselbe gilt auch für den allgemeinen hyperelliptischen Fall. Während wir aber früher nur die Existenz und die allgemeine Ausdrucksform eines solchen Integranden nachweisen konnten, ist es uns im gegenwärtigen Falle möglich, einen vollständig ausgeführten Ausdruck für den Integranden I. Gattung aufzustellen.

Es sei $w'$ der allgemeine Integrand I. Gattung aus der Klasse der durch die Grundgleichung 1°) des vorigen Paragraphen definierten hyperelliptischen Funktionen. Dieser Integrand darf im Endlichen nur in den Verzweigungspunkten unstetig werden, und zwar in $\alpha_\varkappa$ höchstens wie $(z-\alpha_\varkappa)^{\frac{1}{2}}$. Bildet man daher die Funktion der Klasse

1°) $$\varphi = s\,.\,w',$$

so darf $\varphi$ im Endlichen nirgends unstetig werden, mufs also eine ganze Funktion von $z$ sein. Da ferner $w'$ im Unendlichen $=0^2$ werden mufs, und $s$ ebendaselbst $=\infty^{p+1}$

wird, so mufs $\varphi$ eine ganze Funktion von $z$ sein, deren Grad in $z$ höchstens $= p - 1$ ist:

2°) $$\varphi(z) = c_1 \,.\, z^{p-1} + c_2\, z^{p-2} + \ldots + c_{p-1}\, z + c_p.$$

Der allgemeine Integrand I. Gattung $w'$ mufs daher die Form:

3°) $$w' = \frac{\varphi(z)}{s}$$

haben, und umgekehrt genügt jeder solcher Ausdruck, wie auch die Koeffizienten $c_1 \ldots c_p$ gewählt sein mögen, allen Bedingungen, die erfüllt sein müssen, damit $w'$ ein Integrand I. Gattung sei. Man hat so den

**Satz I°)** Der allgemeine hyperelliptische Integrand I. Gattung $w'$ hat die Form

4°) $$w' = \frac{\varphi(z)}{s} = \frac{c_1\, z^{p-1} + c_2\, z^{p-2} + \ldots + c_{p-1}\, z + c_p}{\sqrt{(z-\alpha)(z-\alpha_1)\ldots(z-\alpha_{2p+1})}},$$

wo $c_1 \,.\, c_2 \ldots c_p$ willkürliche Konstanten sind.

Aus diesem Satze folgt unmittelbar, dafs, wenn $w'$ in einem Punkte $(s_1, z)$ des Blattes $E_1$ von $T$ verschwindet, $w'$ sofort auch im Punkte $(s_2, z)$ verschwindet, der in $E_2$ demselben Werte von $z$ entspricht.

Setzt man in 4°) die willkürlichen Koeffizienten $c_1 \ldots c_p$ der Reihe nach bis auf einen gleich 0, so erhält man $p$ Integranden I. Gattung:

5°) $$w_1' = \frac{1}{s},\quad w_2' = \frac{z}{s}, \ldots w_k' = \frac{z^{k-1}}{s}, \ldots w_p' = \frac{z^{p-1}}{s},$$

und von diesen gilt der

**Satz II°)** Die $p$ Integranden I. Gattung

$$w_k' = \frac{z^{k-1}}{s} \qquad (k = 1, 2 \ldots p)$$

sind linearunabhängig.

Beweis: Wären $w_1' \ldots w_p'$ nicht linearunabhängig, so müfste eine identische lineare Relation von der Form:

$$\lambda_1 \,.\, w_1' + \lambda_2\, w_2' + \ldots + \lambda_p \,.\, w_p' = 0,$$

oder

$$\lambda_1 + \lambda_2\, z + \ldots + \lambda_p \,.\, z^{p-1} = 0$$

bestehen, in der nicht alle $\lambda = 0$ sind; eine solche Relation ist aber für ein beliebiges $z$ nur möglich, wenn alle Koeffizienten $\lambda = 0$ sind.

Aus Satz II°) folgt:

**Satz III°)** Die Integrale

6°) $$w_k = \int \frac{z^{k-1}}{s}\, dz \qquad (k = 1, 2 \ldots p)$$

bilden ein System von $p$ linear-unabhängigen Integralen I. Gattung, und durch sie läſst sich jedes andere Integral I. Gattung $w$ darstellen in der Form:

7°) $$w = a_0 + a_1 w_1 + a_2 w_2 + \ldots + a_p . w_p,$$

wo $a_0, a_1 \ldots a_p$ konstante Gröſsen bezeichnen.

Längs der Querschnitte $a_\mu, b_\mu$ $(\mu = 1 \ldots p)$ besitzt jedes Integral I. Gattung $w$ konstante Wertdifferenzen, die sogenannten Periodizitätsmoduln, und zwar sei (siehe Fig. 2)

$$\text{an } a_\mu:\ \overset{+}{w} = \overset{-}{w} + A_\mu,$$
$$b_\mu:\ \overset{+}{w} = \overset{-}{w} + B_\mu,$$

wo

8°) $$\left\{\begin{aligned} A_\mu &= \int \left|\begin{matrix}\delta\\ b\\ \gamma\end{matrix}\right|_\mu dw \quad \text{und}\\ B_\mu &= \int \left|\begin{matrix}\beta\\ a\\ \gamma\end{matrix}\right|_\mu dw \quad \text{ist.}\end{aligned}\right.$$

Berücksichtigt man nun, daſs bei einmal festgelegter Anordnung des Querschnittsystems die Gestalt der Querschnitte keinerlei Einfluſs auf die Werte der Periodizitätsmoduln hat, so leuchtet ein, daſs die Integrationswege in 8°) so zusammengezogen werden können, daſs sie geradlinig zwischen den von ihnen umschlossenen Verzweigungspunkten verlaufen.*) Bedenkt man ferner, dafs zu beiden Seiten einer Doppellinie $d_\mu$ entgegengesetzt gleiche Werte von $s$ und also auch von $w'$ anstofsen, und bezeichnet man dementsprechend die Werte von $w'$ auf derjenigen Seite von $d_\mu$, die man, von $\alpha_{2\mu}$ nach $\alpha_{2\mu+1}$ sehend, zur Linken hat, mit $\overset{+}{w}'$, die auf der anderen Seite von $d_\mu$ mit $\overset{-}{w}'$; berücksichtigt man schliefslich, dafs aufserhalb der Verzweigungspunkte $s$ und also auch $w'$ in je zwei einander bedeckenden Punkten der zwei Blätter $E_1$ und $E_2$ entgegengesetzt gleiche Werte haben, so erhält man für $A_\mu$ und $B_\mu$ die Integralausdrücke:

$$9^0)\quad \begin{cases} A_\mu = -2\displaystyle\int_{\alpha_{2\mu}}^{\alpha_{2\mu+1}} d\overset{+}{w}, \\ B_\mu = 2\displaystyle\int_{\alpha_{2\mu-1}}^{\alpha_{2\mu}} d\overset{+}{w} + 2\int_{\alpha_{2\mu-3}}^{\alpha_{2\mu-2}} d\overset{+}{w} + \ldots + 2\int_{\alpha_1}^{\alpha_2} d\overset{+}{w} \end{cases}$$

Sind umgekehrt die Periodizitätsmoduln $A_\mu$, $B_\mu$ gegeben, so erhält man für die geradlinig zwischen den Verzweigungspunkten erstreckten Integrale die Gleichungen:

$$10^0)\quad \begin{cases} \displaystyle\int_{\alpha_{2\mu-1}}^{\alpha_{2\mu}} d\overset{+}{w} = \frac{B_\mu}{2} - \frac{B_{\mu-1}}{2}, \\ \displaystyle\int_{\alpha_{2\mu}}^{\alpha_{2\mu+1}} d\overset{+}{w} = -\frac{A_\mu}{2}, \end{cases}$$

die für $\mu = 1 \ldots p$ gelten, wenn man unter $B_0$ den Wert 0 versteht.

Denkt man sich ferner im oberen Blatte $E_1$ von $T$ einen Ringweg $l$ angelegt, der sämtliche Verzweigungspunkte um-

*) Siehe d. Abhdlg. v. H. Prym, Theorie d. Funktionen in einer 2-blättrigen Fläche, 1866, pag. 6 ff.

schliefst, so ist das längs dieses Weges erstreckte Integral $\int\limits_{(l)} dw$ gleich 0. Andererseits ist aber

$$\int\limits_{(l)} dw = -2\int_{\alpha}^{\alpha_1} \overset{+}{dw} - 2\int_{\alpha_2}^{\alpha_3} \overset{+}{dw} - \ldots - 2\int_{\alpha_{2p}}^{\alpha_{2p+1}} \overset{+}{dw},$$

und daher:

$$-\int_{\alpha}^{\alpha_1} \overset{+}{dw} = \int_{\alpha_2}^{\alpha_3} \overset{+}{dw} + \int_{\alpha_4}^{\alpha_5} \overset{+}{dw} + \ldots + \int_{\alpha_{2p}}^{\alpha_{2p+1}} \overset{+}{dw},$$

oder

$$\int_{\alpha}^{\alpha_1} \overset{+}{dw} = \frac{1}{2} \sum_{\mu=1}^{p} A_\mu. \tag{11°}$$

Die in den Formeln 9°), 10°) und 11°) auftretenden Integrale sind nicht auf das Innere der Fläche $T'$ beschränkt. Fügt man diese Beschränkung hinzu, so ist zu berücksichtigen, dafs jedes Integral sich beim Überschreiten eines Querschnitts $a_\mu$ resp. $b_\mu$ um $\pm A_\mu$ resp. $\pm B_\mu$ sprungweise ändert, und zwar gilt das $+$Zeichen, wenn der Integrationsweg den betreffenden Querschnitt von der negativen nach der positiven Seite desselben überschreitet, das $-$Zeichen beim Überschreiten des Querschnittes von der $+$ nach der $-$Seite desselben. Es ergeben sich dann (siehe Fig. 2) die Formeln:

$$\int_{\alpha_{2\mu-1}}^{\alpha_{2\mu}} \overset{+}{dw} + B_{\mu-1} - B_\mu = \overset{(T')}{\int_{\alpha_{2\mu-1}}^{\alpha_{2\mu}}} dw,$$

$$(\mu = 1, 2 \ldots p)$$

$$\int_{\alpha_{2\mu}}^{\alpha_{2\mu+1}} \overset{+}{dw} + A_\mu = \overset{(T')}{\int_{\alpha_{2\mu}}^{\alpha_{2\mu+1}}} dw,$$

$$\int_{\alpha}^{\alpha_1} \overset{+}{dw} - A_1 - A_2 - \ldots - A_p = \overset{(T')}{\int_{\alpha}^{\alpha_1}} dw,$$

wo der obere Index $(T')$ in den Integralen rechts andeuten soll, dafs diese Integrale auf die Fläche $T'$ beschränkt sind. Mit Anwendung der Beziehungen 10°) und 11°) ergiebt sich hieraus:

$$12^{\circ})\quad \left\{\begin{aligned} &\overset{(T')}{\int_{\alpha_{2\mu-1}}^{\alpha_{2\mu}}} dw = \frac{B_{\mu-1}}{2} - \frac{B_\mu}{2} \\ &\overset{(T')}{\int_{\alpha_{2\mu}}^{\alpha_{2\mu-1}}} dw = \frac{A_\mu}{2}, \qquad \overset{(T')}{\int_{\alpha}^{\alpha_1}} dw = -\frac{1}{2}\sum_{\mu=1}^{p} A_\mu . \end{aligned}\right.$$

Beschränkt man alle Integrationswege auf das Innere der Fläche $T'$ und läfst man überall in den Integrationszeichen den oberen Index $(T')$ weg, so erhält man aus 12°) die Formelreihe:

$$13^{\circ})\quad \left\{\begin{aligned} &\int_{\alpha}^{\alpha_1} dw = -\frac{1}{2}\sum_{\mu=1}^{p} A_\mu, \quad \int_{\alpha}^{\alpha_2} dw = -\frac{1}{2}\sum_{\mu=1}^{p} A_\mu - \frac{B_1}{2}, \\ &\int_{\alpha}^{\alpha_3} dw = -\frac{1}{2}\sum_{\mu=2}^{p} A_\mu - \frac{B_1}{2}, \int_{\alpha}^{\alpha_4} dw = -\frac{1}{2}\sum_{\mu=2}^{p} A_\mu - \frac{B_2}{2}, \\ &\int_{\alpha}^{\alpha_{2\mu-1}} dw = -\frac{1}{2}\sum_{k=\mu}^{p} A_k - \frac{B_{\mu-1}}{2}, \int_{\alpha}^{\alpha_{2\mu}} dw = -\frac{1}{2}\sum_{k=\mu}^{p} A_k - \frac{B_\mu}{2}, \\ &\int_{\alpha}^{\alpha_{2p-1}} dw = -\frac{1}{2}A_p - \frac{1}{2}B_{p-1}, \int_{\alpha}^{\alpha_{2p}} dw = -\frac{1}{2}A_p - \frac{1}{2}B_p, \\ &\int_{\alpha}^{\alpha_{2p+1}} dw = -\frac{1}{2}B_p, \int_{\alpha}^{\alpha} dw = 0. \end{aligned}\right.$$

Aus 13°) folgt durch Addition:

$$14^0)\quad \begin{cases} \displaystyle\sum_{\lambda=0}^{p}\int_{\alpha}^{\alpha_{2\lambda+1}} dw = \sum_{\lambda=1}^{p}\int_{\alpha}^{\alpha_{2\lambda}} dw = -\frac{1}{2}\sum_{\mu=1}^{p}\mu . A_\mu - \frac{1}{2}\sum_{\mu=1}^{p} B_\mu, \text{ und} \\ \displaystyle\sum_{\lambda=1}^{2p+1}\int_{\alpha}^{\alpha_\lambda} dw = -\sum_{\mu=1}^{p}(\mu . A_\mu + B_\mu). \end{cases}$$

Die zweite Beziehung 14°) ergiebt sich auch direkt, wenn man das Integral

$$\int_{(T')} w . d\log s$$

berechnet, wo die Integration sich in positiver Richtung über die ganze Begrenzung von $T'$ erstreckt.

## § 15. Die $p$ Normalintegrale I. Gattung.

Bedeutet

$$A_{k1}, A_{k2}, \ldots A_{k\lambda}, \ldots A_{kp};$$
$$B_{k1}, B_{k2}, \ldots B_{k\lambda}, \ldots B_{kp}$$

das System der Periodizitätsmoduln an $a_\lambda$, $b_\lambda$ $(\lambda = 1 \ldots p)$ eines hyperelliptischen Integrals I. Gattung $w_k$ aus der Reihe der im vorigen Paragraphen konstruierten $p$ linear-unabhängigen Integrale $w_1 \ldots w_p$, so ist, wie in der allgemeinen Theorie nachgewiesen wurde, die Determinante

$$1^0)\qquad \Delta = \begin{vmatrix} A_{11} & A_{12} \ldots & A_{1\lambda} \ldots & A_{1p} \\ A_{k1} & A_{k2} \ldots & A_{k2} \ldots & A_{kp} \\ A_{p1} & A_{p2} \ldots & A_{p\lambda} \ldots & A_{pp} \end{vmatrix} \neq 0.$$

Hierauf beruht die Möglichkeit, Normalintegrale I. Gattung $\ldots u_\mu \ldots u_p$ zu konstruieren. Setzt man nämlich:

$$2^0)\qquad c_{k\mu} = \pi i \cdot \frac{\partial \log \Delta}{\partial A_{k\mu}} = \frac{\pi i}{\Delta} \cdot \frac{\partial \Delta}{\partial A_{k\mu}},$$

wo das Symbol „∂" eine bloſs formale Differentiation bezeichnet, so ist

3°) $$u_\mu = \sum_{k=1}^{p} c_{k\mu} \, . \, w_k$$

ein Integral I. Gattung, das an $a_\mu$ den Periodizitätsmodul $\pi i$, an $a_\nu$ $(\nu \neq \mu)$ den Periodizitätsmodul 0 besitzt, und zwischen dem Periodizitätsmodul

$$a_{\mu\nu} = \sum_{k=1}^{p} c_{k\mu} \, B_{k\nu}$$

von $u_\mu$ an $b_\nu$ und dem Periodicitätsmodul

$$a_{\nu\mu} = \sum_{k=1}^{p} c_{k\nu} \, B_{k\mu}$$

von $u_\nu$ an $b_\mu$ besteht die Beziehung

4°) $$a_{\mu\nu} = a_{\nu\mu} \, .$$

Die Integrale $u_1 \ldots u_p$ sind daher Normalintegrale in dem früher festgelegten Sinne. Jedes dieser Integrale enthält noch eine verfügbare additive Konstante. Wir verfügen über dieselbe, wie früher, so, daſs

$$u_\mu(\infty_1) + u_\mu(\infty_2) = 0 \qquad (\mu = 1, \ldots p)$$

wird, und erreichen dies dadurch, daſs wir allen diesen Integralen den freien, d. h. von keinem Querschnitte umschlossenen Verzweigungspunkt $\alpha$ als untere Grenze geben. Die Normalintegrale $u_1 \ldots u_p$ heiſsen dann definitiv normiert.

Aus 13°) des vorigen Paragraphen ergiebt sich nun: Nimmt man als gemeinsame obere Grenze der $p$ Normalintegrale $u_1 \ldots u_p$ irgend einen Verzweigungspunkt $\alpha_k$ aus der Reihe $\alpha_1 \ldots \alpha_{2p+1}$, so bilden die $p$ Werte

$$\int_\alpha^{\alpha_k} du_1, \quad \int_\alpha^{\alpha_k} du_2, \quad \int_\alpha^{\alpha_k} du_p$$

ein System

$$\frac{1}{2}(gh)_1, \; \frac{1}{2}(gh)_2, \ldots \frac{1}{2}(gh)_p$$

von $p$ halben Simultanperioden. Das Symbol $(gh)_\mu$ bedeutet hier, wie früher, ein Aggregat von der Form:

$$g_\mu \pi i + h_1 a_{\mu 1} + h_2 a_{\mu 2} + \ldots + h_p \, . \, a_{\mu p} .$$

Jedem solchen System von halben Simultanperioden ordnen wir nun ein Symbol

$$\begin{pmatrix} h_1 \, h_2 \ldots h_p \\ g_1 \, g_2 \ldots g_p \end{pmatrix} = \begin{pmatrix} h \\ g \end{pmatrix}$$

zu, in dem die ganzen Zahlen $h, g$ auf ihre Reste 0 oder 1 (modulo 2) reduziert sind, und nennen dieses Symbol, da es $p$ halbe Simultanperioden charakterisiert, eine Periodencharakteristik. Für die Periodencharakteristiken gelten dieselben Regeln der Addition und Subtraktion, wie für die früheren $\vartheta$-Charakteristiken.

Nimmt man speziell als gemeinsame obere Grenze von $u_1 \ldots u_p$ einen Verzweigungspunkt $\alpha_{2k}$ aus der Reihe $\alpha_2, \alpha_4, \alpha_6, \ldots \alpha_{2p}$, so ergiebt sich aus 13⁰) des vorigen Paragraphen, wenn man berücksichtigt, daſs $A_{kk} = \pi i$, $A_{\mu k} = 0$ $(\mu \neq k)$, $B_{\mu k} = a_{\mu k}$ ist:

$$\frac{1}{2}(gh)_1 = -\frac{1}{2} a_{1k}, \qquad \text{d. h. } g_1 = 0,\ h_k = -1,\ h_\nu = 0\ (\nu \neq k)$$

$$\frac{1}{2}(gh)_2 = -\frac{1}{2} a_{2k}, \qquad g_2 = 0,\ h_k = -1, \quad „$$

$$\frac{1}{2}(gh)_{k-1} = -\frac{1}{2} a_{k-1,k}, \qquad g_{k-1} = 0,$$

$$\frac{1}{2}(gh)_k = -\frac{\pi i}{2} - \frac{1}{2} a_{kk}, \qquad g_k = -1, \quad „$$

$$\frac{1}{1}(gh)_{k+1} = -\frac{\pi i}{2} - \frac{1}{2} a_{k+1,k}, \quad g_{k+1} = -1,$$

$$\frac{1}{2}(gh)_p = -\frac{\pi i}{2} - \frac{1}{2} a_{pk}, \qquad g_p = -1, \quad „$$

Die diesem System von Simultanperioden zugeordnete Periodencharakteristik lautet daher:

$$\begin{pmatrix} 0\,0 \ldots 0\,1\,0 \ldots 0 \\ 0\,0 \ldots 0\,1\,1 \ldots 1 \end{pmatrix}.$$

Nennen wir daher, analog wie bei den $\vartheta$-Charakteristiken, eine Periodencharakteristik $\begin{pmatrix} h \\ g \end{pmatrix}$ gerade oder ungerade; je nachdem:

$$\sum_{k=1}^{p} g_k \, . \, h_k \equiv 0 \text{ oder } 1 \pmod{2}$$

ist, so haben wir den

**Satz I°)** Die dem System

$$\int_{a}^{a_{2k}} du_1, \quad \int_{a}^{a_{2k}} du_p \qquad (k = 1, 2 \ldots p)$$

zugeordnete Periodencharakteristik ist ungerade.

Analog erhält man:

**Satz II°)** Die dem System

$$\int_{a}^{a_{2k+1}} du_1, \ldots \int_{a}^{a_{2k+1}} du_p \qquad (k = 0, 1, 2 \ldots p)$$

zugeordnete Periodencharakteristik ist gerade.

Wir haben so $2p + 1$ Periodencharakteristiken, von denen $p + 1$ gerade und $p$ ungerade sind. Es sind dies jedoch nicht alle möglichen Periodencharakteristiken. Die Gesamtzahl aller eigentlichen Periodencharakteristiken, d. h. aller derer, die einem wirklichen System von $p$ halben Simultanperioden zugeordnet sind, beträgt $2^{2p} - 1$. Zu diesen eigentlichen, unter sich völlig gleichberechtigten Periodencharakteristiken, kommt noch die uneigentliche Periodencharakteristik $\begin{pmatrix} 0 \\ 0 \end{pmatrix}$, deren Elemente $g$, $h$ alle gleich Null sind.

Das System der im Vorigen nachgewiesenen $2p + 1$ Charakteristiken nennen wir ein Fundamentalsystem von Periodencharakteristiken. Für dasselbe gelten folgende Sätze:

**Satz III°)** Die Summe der $2p+1$ Periodencharakteristiken des Fundamentalsystems ist die uneigentliche Periodencharakteristik $\binom{0}{0}$, deren Elemente alle gleich Null sind.

Der Beweis ergiebt sich unmittelbar aus der zweiten Beziehung 14°) des vorigen Paragraphen, oder aus dem Abel'schen Theorem angewandt auf die Funktion der Klasse $s$.

**Satz IV°)** Die Summe von weniger als $2p+1$ verschiedenen Charakteristiken des Fundamentalsystems kann nie die uneigentliche Periodencharakteristik $\binom{0}{0}$ liefern.

Beweis: Angenommen, $r\ (\leqq 2p)$ eigentliche Periodencharakteristiken hätten die Charakteristik $\binom{0}{0}$ zur Summe. Dann müfsten die $p$ Kongruenzen

$$\int_a^{b_1} du_\mu + \int_a^{b_2} du_\mu + \ldots + \int_a^{b_r} du_\mu \equiv 0 \qquad (\mu = 1, 2 \ldots p)$$

erfüllt sein, wo $b_1 \ldots b_r$ irgend $r$ von einander verschiedene Verzweigungspunkte aus der Reihe $a_1, a_2 \ldots a_{2p+1}$ bezeichnen, und das Zeichen $\equiv$ andeuten soll, dafs die linke Seite gleich Null ist bis auf ein System ganzer Simultanperioden. Nach dem Satze über die Umkehrung des Abelschen Theorems für Integrale I. Gattung müfste dann auch eine algebraische Funktion $\tau$ der Klasse existieren, die $\infty^r$ wird in $a$ und $0^1$ in den Verzweigungspunkten $b_1 \ldots b_r$. Eine solche Funktion wäre darstellbar in der Form:

$$\tau = \frac{P.s + Q}{R},$$

wo $P, Q, R$ ganze Funktionen von $z$ sind. Es wäre dann ferner

$$\tau^2 = \frac{P^2.s^2 + 2P.Q.s + Q^2}{R^2}$$

eine Funktion der Klasse von der Ordnung $2r$, die $\infty^{2r}$ würde in $\alpha$ und $0^2$ in jedem der Punkte $b_1 \dots b_r$, die sich also von der Funktion der Klasse

$$\frac{(z-b_1)(z-b_2)\dots(z-b_r)}{(z-\alpha)^r} = \frac{B}{(z-\alpha)^r}$$

nur durch einen konstanten Faktor $C$ unterscheiden könnte, so daſs

$$\frac{P^2 s^2 + 2P.Q.s + Q^2}{R^2} = C \cdot \frac{B}{(z-\alpha)^r}$$

wäre. Es müſste folglich auch:

$$2P.Q.s.(z-\alpha)^r = C.B.R^2 - (P^2 s^2 + Q^2)(z-\alpha)^r$$

sein, was, da die rechte Seite eine ganze Funktion von $z$ ist, nur möglich ist, wenn der Koeffizient $2P.Q.(z-\alpha)^r$ von $s$ nuf der linken Seite gleich 0 ist, d. h. wenn $P$ oder $Q$ identisch Null ist.

Ist $P$ identisch Null, so ist $\tau = \frac{Q}{R}$; eine Funktion von dieser Form wird aber, wenn sie in einem Verzweigungspunkt $= 0$ wird, dort immer mindestens $= 0^2$; $\tau$ kann also nicht von der Form $\frac{Q}{R}$ sein, d. h. $P$ kann nicht identisch Null sein.

Nimmt man $Q$ identisch gleich Null an, so ist $\tau$ von der Form

$$\tau = \frac{P.s}{R}.$$

Hierin wird $s$ in $c$, wenn $c$ einen von $b_1 \dots b_r$ und $\alpha$ verschiedenen Verzweigungspunkt bedeutet, $= 0^1$; es müſste also, da ja $\tau$ in $c$ weder Null noch unendlich werden soll, auch $\frac{P}{R}$ in $c$ genau zur ersten Ordnung $\infty$ werden. Dies ist aber nicht möglich, da $\frac{P}{R}$, wenn es in einem Verzweigungspunkte unendlich wird, dort mindestens $= \infty^2$ wird.

Eine Funktion $\tau$ mit den gegebenen Eigenschaften kann daher nicht existieren, und der Satz IV$_0$) ist bewiesen.

Der eben bewiesene Satz läfst sich auch wie folgt formulieren:

**Satz IV$^0_a$.)** Die Summe von weniger als $2p+1$ verschiedenen Charakteristiken des Fundamentalsystems ist stets wieder eine eigentliche Periodencharakteristik.

Wir beweisen schliefslich noch den

**Satz V$^0$.)** Jede von den $2^{2p}-1$ möglichen eigentlichen Periodencharakteristiken läfst sich darstellen als Summe von höchstens $p$ geeignet gewählten Charakteristiken des Fundamentalsystems.

Beweis: Die $2p+1$ Charakteristiken des Fundamentalsystems lassen sich

auf $\dfrac{(2p+1)\,2p}{2!}$ Arten zu je zweien,

auf $\dfrac{(2p+1)\,2p\,(2p-1)}{3!}$ Arten zu je dreien,

auf $\dfrac{(2p+1)\ldots(p+2)}{p!}$ Arten zu je $p$

so addieren, dafs in keiner Summe zwei gleiche Charakteristiken auftreten. Alle diese Summen sind nach dem vorigen Satze wieder eigentliche Periodencharakteristiken, und ihre Anzahl beträgt zusammen mit den $2p+1$ Charakteristiken des Fundamentalsystems:

$$-1+\frac{1}{2}\left[(x+1)^{2p+1}\right]_{x=0}=2^{2p}-1,$$

ist also gleich der Anzahl der überhaupt möglichen eigentlichen Periodencharakteristiken. Um den Satz vollständig zu beweisen, ist daher nur noch der Nachweis erforderlich, dafs keine zwei der eben aus dem Fundamentalsystem abgeleiteten Periodencharakteristiken einander kongruent sind modulo 2, d. h. dafs keine zwei dieser Charakteristiken die uneigentliche Charakteristik $\binom{0}{0}$ zur Summe haben. Dies ist aber in Satz IV$^0$.) schon bewiesen worden.

Wie im hyperelliptischen Fall giebt es auch im allgemeinen Fall der Abel'schen Funktionen Fundamentalsysteme von Periodencharakteristiken. Wie die Theorie dieser Fundamentalsysteme sich von der Theorie der hyperelliptischen Funktionen aus entwickeln läfst, hat Herr Prym gezeigt. Ebenso giebt es im allgemeinen Falle der Abel'schen Funktionen Fundamentalsysteme von $2p+2$ $\vartheta$-Charakteristiken (die Charakteristik $\binom{0}{0}$ spielt hier keine ausgezeichnete Rolle), die sogenannten allgemeinen Fundamentalsysteme. Bezüglich der Theorie derselben verweisen wir auf die Abhandlungen von Herrn Prym (Untersuchungen über die Riemann'sche $\vartheta$-Formel, Leipzig 1882), von Herrn Frobenius (Journal v. Crelle, Bd. 89, 1880) und von Herrn Stahl (Crelle's Journal, Bd. 88, 1879).

Wir wollen hier nur noch eine Bezeichnung erläutern, die in der Theorie der zweiteiligen Charakteristiken vielfach benutzt wird. Ist:

$$G = \begin{pmatrix} h_1 & h_2 \dots h_p \\ g_1 & g_2 \dots g_p \end{pmatrix}$$

eine zweiteilige Charakteristik mit den Elementen $g$, $h$, $G'$ und $G''$ ebensolche Charakteristiken mit den Elementen $g'$, $h'$, $g''$ $h''$, und schreibt man abkürzend:

$$|\, G\, G'\,| = \sum_{\varkappa=1}^{p} (g_\varkappa \,.\, h'_\varkappa - g'_\varkappa \,.\, h_\varkappa),$$

$$|\, G\, G'\, G''\,| = |\, G\, G'\,| + |\, G' G''\,| + |\, G''\, G\,|,$$

so heifsen zwei Charakteristiken syzygetisch oder azygetisch, je nachdem

$$|\, G\, G'\,| \equiv 0 \text{ oder } 1 \text{ modulo } 2 \text{ ist,}$$

und ebenso heifsen drei Charakteristiken $G$, $G'$, $G''$, syzygetisch oder azygetisch, je nachdem

$$|\, G\, G'\, G''\,| \equiv 0 \text{ oder } 1 \text{ modulo } 2 \text{ ist.}$$

Es sei hier nur der Satz erwähnt, dafs je zwei der eigentlichen Charakteristiken eines speziellen Fundamentalsystems, und ebenso je drei Charakteristiken eines allgemeinen Fundamentalsystems azygetisch sind.

Zum Schlusse wollen wir noch zeigen, wie sich auf Grund von Satz V⁰), nach dem Vorgange von Weierstraſs, eine symbolische Numerierung aller $2^{2p}$ Perioden oder $\vartheta$-Charakteristiken einführen läſst. Weierstraſs bezeichnet die den Verzweigungspunkten $\alpha_2, \alpha_4, \ldots \alpha_{2k}, \ldots \alpha_{2p}$ entsprechenden zweiteiligen ungeraden Charakteristiken mit den Zahlen $1, 3, \ldots 2k-1, \ldots 2p-1$, die den Verzweigungspunkten $\alpha_1, \alpha_3, \ldots \alpha_{2k+1}, \alpha_{2p+1}$ entsprechenden zweiteiligen geraden Charakteristiken mit $0, 2, \ldots 2k, \ldots 2p$, und die dem Verzweigungspunkte $\alpha$ entsprechende Charakteristik $\binom{0}{0}$ mit $2p+1$. Da sich ferner jede andere Charakteristik $G$ als Summe von $k \leqq p$ eigentlichen (d. h. von der Charakteristik $\binom{0}{0}$ verschiedenen) Charakteristiken darstellen läſst, weist Weierstraſs jeder weiteren Charakteristik $G$ als symbolische Nummer die Zahl zu, die der Reihe nach von links nach rechts die Nummern der einzelnen Summanden von $G$ enthält. Die Anzahl dieser Teilnummern beträgt höchstens $p$.

Im Falle $p=2$ z. B. entsprechen den Verzweigungspunkten

$$\alpha_2, \quad \alpha_4, \quad \alpha_1, \quad \alpha_3, \quad \alpha_5, \quad \alpha$$

die Charakteristiken:

$$\binom{10}{11}, \quad \binom{01}{01}, \quad \binom{00}{11}, \quad \binom{10}{01}, \quad \binom{01}{00}, \quad \binom{00}{00}$$

mit den Nummern:

$$1, \quad 3, \quad 0, \quad 2, \quad 4, \quad 5$$

so daſs die Charakteristik:

$$\binom{11}{01} = \binom{10}{01} + \binom{01}{00}$$

die Nummer 24, und die Charakteristik

$$\binom{01}{10} = \binom{00}{11} + \binom{01}{01}$$

die Nummer 03 erhält.

Diese Numerierung der Charakteristiken wird später auf die hyperelliptischen $\vartheta$-Funktionen ausgedehnt.

## § 16. Die Normalintegrale II. und III. Gattung.

In der allgemeinen Theorie der Abel'schen Funktionen sind die Normalintegrale II. und III. Gattung abgeleitet worden aus einer von Christoffel eingeführten Integralfunktion

$$J(o,\varepsilon)=\int\tau\,dz,$$

welche die Eigenschaft besitzt, für endliche Werte von $z$ nur in einem Punkte $\varepsilon$ ($s=\sigma$, $z=\zeta$) logarithmisch unstetig zu werden, so dafs für $z=\zeta$:

$$J(o,\varepsilon)=\log(z-\zeta)+f.c$$

ist, und aufserdem noch in den $n$ unendlich fernen Punkten von $T$ logarithmisch unstetig zu werden, so dafs für $z=\infty_k$: $J(o,\varepsilon)=\dfrac{1}{n}\log z+f.c$ ist. Für den Integranden $\tau$ dieser Integralfunktion haben wir früher (Theorie der alg. Funkt., § 22) die Ausdrucksform

$$1^{0})\qquad \tau=\frac{T(s,z)+\psi_2\left(\overset{n-2}{s}\;,\overset{m-2}{z}\right)}{F'(s,z)}$$

gefunden, wo

$$2^{0})\quad T(s,z)=\frac{F(s,\zeta)}{(s-\sigma)(z-\zeta)}+\frac{1}{n}\cdot\frac{F'(s,z)-F'(s,\zeta)}{z-\zeta}$$

ist, und über die Koeffizienten von $\psi_2$ so verfügt werden mufs, dafs der Zähler von $\tau$ in den $r$ Doppelpunkten von $T$ ohne Verzweigung gleich $0^1$ wird.

Im hyperelliptischen Falle läfst sich dieser Ausdruck für $\tau$ vollständig ausführen. Berücksichtigt man nämlich, dafs in diesem Falle

$$F(s,\zeta)=(s-\sigma)(s+\sigma),$$
$$F'(s,z)=F'(s,\zeta)=2s$$

ist, so erhält man zunächst:

$$T(s,z)=\frac{s+\sigma}{z-\zeta}.$$

Da ferner im hyperelliptischen Falle die Anzahl $r$ der Doppelpunkte ohne Verzweigung gleich Null ist, so sind die

Koeffizienten von $\psi_2$ völlig willkürlich; wir nehmen sie der Einfachheit halber alle $=0$ und erhalten für $\tau$ den Ausdruck

3°) $$\tau = \frac{s+\sigma}{z-\zeta} \cdot \frac{1}{2s}$$

Wir haben so den

**Satz I°)** Das Integral

4°) $$J(o, \varepsilon) = \int \frac{s+\sigma}{z-\zeta} \cdot \frac{dz}{2s}$$

besitzt in der zur Grundgleichung

$$s^2 - (z-\alpha)(z-\alpha_1)\ldots(z-\alpha_{2p+1}) = 0$$

gehörigen hyperelliptischen Fläche $T$ folgende Eigenschaften:

1°) es ist in $T$ überall stetig mit Ausnahme des im Endlichen gelegenen Punktes $\varepsilon(\sigma, \zeta)$ und der zwei unendlich fernen Punkte $\infty_1$, $\infty_2$ von $T$, und zwar ist:

$$\text{in } \varepsilon: \; J(o, \varepsilon) = \log(z-\zeta) + f.c,$$

$$\text{in } \infty_1: \; J(o, \varepsilon) = \frac{1}{2}\log z + f.c,$$

$$\text{in } \infty_2: \; J(o, \varepsilon) = \frac{1}{2}\log z + f.c;$$

2°) es ist eindeutig weder in $T$ noch in $T'$, sondern erst in der Fläche $T''$, die man erhält, wenn man von einem nicht singulären Punkte $P$ von $T'$ aus Punktschnitte $l, l_1, l_2$ anlegt, die nach $\varepsilon, \infty_1, \infty_2$ führen, und weder einander noch die Querschnitte $a_\varkappa, b_\varkappa (\varkappa = 1, p)$ kreuzen (Figur 3).

In dieser Fläche $T''$ ist also $J(o, \varepsilon)$ eindeutig und stetig; bezeichnet man bei jedem der Schnitte $l, l_1, l_2$ die Ränder so als positiven und negativen Rand, daſs ein positiver

Umlauf um den Endpunkt des Schnittes vom — Rande zum + Rande führt, so ist

| an | $a_\lambda$, | $b_\lambda$, | $c_\lambda$, | $l$, | $l_1$ und $l_2$ |
|---|---|---|---|---|---|
| $\overset{+}{J}(o,\varepsilon)-\overset{-}{J}(o,\varepsilon)=$ | $A_\lambda(\varepsilon)$, | $B_\lambda(\varepsilon)$, | $0$, | $2\pi i$, | $-\pi i$ |

wo $A_\lambda(\varepsilon)$, $B_\lambda(\varepsilon)$ konstante Periodizitätsmoduln bezeichnen, die definiert sind durch die Integrale (Fig. 2)

$$5^\circ)\quad A_\lambda(\varepsilon)=\int\left|\begin{matrix}\delta\\ b\\ \gamma\end{matrix}\right|_\lambda \frac{s+\sigma}{z-\zeta}\cdot\frac{dz}{2s},\quad B_\lambda(\varepsilon)=\int\left|\begin{matrix}\beta\\ a\\ \gamma\end{matrix}\right|_\lambda \frac{s+\sigma}{z-\zeta}\cdot\frac{dz}{2s},$$

deren Integrationswege nicht durch den Punkt $\varepsilon(\sigma,\zeta)$ führen dürfen. Zwischen diesen Periodizitätsmoduln $A_\lambda(\varepsilon)$, $B_\lambda(\varepsilon)$ bestehen nach früherem die $p$ Beziehungen:

$$6^\circ)\quad B_\mu(\varepsilon)-\frac{1}{\pi i}\sum_{\lambda=1}^{p} a_{\mu\lambda}\,.\,A_\lambda(\varepsilon)=2u_\mu(\varepsilon).\qquad(\mu=1\ldots p)$$

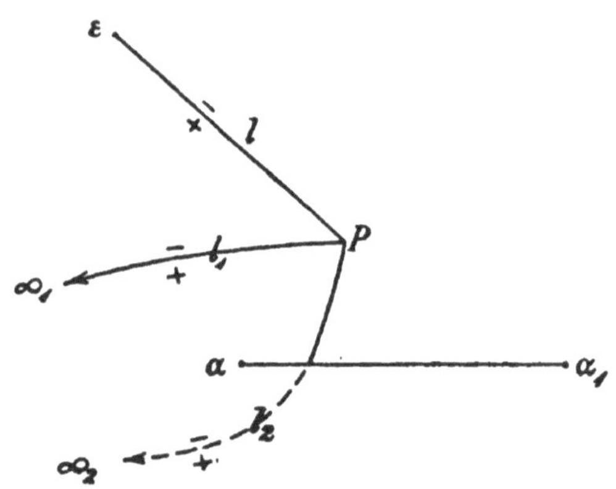


Fig. 3.

Bildet man daher wie früher, die neue Integralfunktion:

$$7^\circ)\qquad P(o,\varepsilon)=J(o,\varepsilon)-\frac{1}{\pi i}\sum_{\lambda=1}^{p}A_\lambda(\varepsilon)\,.\,u_\lambda(o),$$

so hat dieselbe folgende Eigenschaften:

1°) in $\varepsilon$ ist: $P(o,\varepsilon) = \log(z-\zeta) + f.c,$

2°) in $\infty_1, \infty_2$ ist: $P(o,\varepsilon) = \frac{1}{2}\log z + f.c,$

3°) $P(o,\varepsilon)$ ist in $T''$ überall eindeutig und stetig,

4°) $P(o,\varepsilon)$ hat in $T''$ an $a_\lambda$, $b_\lambda$, $c_\lambda$, $l$, $l_1$ und $l_2$ die Periodizitätsmoduln: 0, $2u_\lambda(\varepsilon)$ 0, $2\pi i$ $-\pi i$.

Nach dem in der allgemeinen Theorie ausgeführten ist nun:

8°)
$$t(o,\varepsilon) = -\frac{\partial P(o,\varepsilon)}{\partial \zeta}$$

$$= -\frac{\partial}{\partial\zeta}\left[\int \frac{s+\sigma}{z-\zeta}\cdot\frac{dz}{2s} - \frac{1}{\pi i}\sum_{\lambda=1}^{p} u(o)\cdot\int \begin{vmatrix}\delta\\ b\\ \gamma\end{vmatrix}_\lambda \frac{s+\sigma}{z-\zeta}\cdot\frac{dz}{2s}\right]$$

das **Riemann'sche Normalintegral** II. Gattung für den vorliegenden allgemeinen hyperelliptischen Fall, mit den Periodizitätsmoduln 0 resp. $2u'_\lambda(\varepsilon)$ an $a_\lambda$ resp. $b_\lambda$.

Für das **Riemann'sche Normalintegral** III. Gattung $\tilde{\omega}(\varepsilon_1,\varepsilon_2) = P(o,\varepsilon_1) - P(o,\varepsilon_2)$ mit den logarithmischen Unstetigkeitspunkten $\varepsilon_1(\sigma_1,\zeta_1)$, $\varepsilon_2(\sigma_2,\zeta_2)$ ergiebt sich analog:

9°)
$$\tilde{\omega}(\varepsilon_1\,\varepsilon_2) =$$

$$\int\left[\frac{s+\sigma_1}{z-\zeta_1} - \frac{s+\sigma_2}{z-\zeta_2}\right]\frac{dz}{2s} - \frac{1}{\pi i}\sum_{\lambda=1}^{p} u_\lambda(o)\int \begin{vmatrix}\delta\\ b\\ \gamma\end{vmatrix}_\lambda \left[\frac{s+\sigma_1}{z-\zeta_1} - \frac{s+\sigma_2}{z-\zeta_2}\right]\frac{dz}{2s}.$$

Mit Rücksicht auf spätere Anwendungen betrachten wir hier noch Integrale III. Gattung spezieller Art. Es bezeichne $r$ die Funktion

10°) $r = \sqrt{(z-\alpha)^{\varrho}(z-\alpha_1)^{\varrho_1}\dots(z-\alpha_\lambda)^{\varrho_\lambda}\dots(z-\alpha_{2p+1})^{\varrho_{2p+1}}},$

worin die Exponenten $\varrho, \varrho_1 \dots \varrho_{2p+1}$ ganze Zahlen bedeuten. Diese Funktion ist keine Funktion der Klasse, dagegen ist ihr Logarithmus:

11°) $V = \log r = \frac{1}{2}\sum_{\lambda=0}^{2p+1}\varrho_\lambda\,.\log(z-\alpha_\lambda) = \frac{1}{2}\sum_\lambda \varrho_\lambda\,.\int\frac{dz}{z-\alpha_\lambda}$

ein Integral der Klasse mit logarithmischen Unstetigkeiten in den Verzweigungspunkten $\alpha, \alpha_1 \ldots \alpha_{2p+1}$ und in den zwei unendlich fernen Punkten $\infty_1, \infty_2$ von $T$. Die Gewichte dieser Unstetigkeiten haben in $\infty_1, \infty_2$ je den Wert $-\frac{1}{2}\Sigma\varrho_\lambda$, die in $\alpha, \alpha_1 \ldots \alpha_{2p+1}$ die Werte $\varrho, \varrho_1 \ldots \varrho_{2p+1}$.

Die Funktion $V$ ist nicht eindeutig in $T'$, sondern erst in der Fläche $T''$, die man erhält, wenn man von einem nicht singulären, sonst beliebigen Punkte $P$ von $T'$ aus nach den $2p+2$ Verzweigungspunkten und nach $\infty_1, \infty_2$ Schnitte $d, d_1 \ldots d_{2p+1}, D_1, D_2$ anlegt, die weder einander noch die Querschnitte $a_\lambda, b_\lambda$ schneiden. An diesen Schnitten hat $V$ konstante Wertdifferenzen, und zwar ist:

$$\text{an } d_\nu: \quad \overset{+}{V} = \overset{-}{V} + 2\pi i \,.\, \varrho_\nu, \qquad (\nu = 0, 1 \ldots 2p+1)$$

$$\text{an } D_1 \text{ u. } D_2: \quad \overset{+}{V} = \overset{-}{V} - k \,.\, \pi i, \text{ wo } k = \sum_\lambda \varrho_\lambda \text{ ist.}$$

Um auch das Verhalten von $V$ an den Querschnitten $a_\lambda, b_\lambda$ zu bestimmen, wenden wir das Abel'sche Theorem für Integrale I. Gattung auf die Funktion $r^2$ der Klasse an. Die Gleichungen dieses Theorems lauten, wenn wir unter $u_1 \ldots u_\mu \ldots u_p$ definitiv normierte Integrale I. Gattung verstehen:

$$2\sum_{\lambda=0}^{2p+1} \varrho_\lambda \,.\, u_\mu(\alpha_\lambda) = (-G, -H)_\mu, \qquad (\mu = 1, 2 \ldots p)$$

wo (Fig. 2)

$$-2\pi i . G_\mu = \int \left|\begin{matrix}\beta\\ a\\ \gamma\end{matrix}\right|_\mu d\log(r^2) = \sum_{\lambda=0}^{2p+1} \varrho_\lambda \int \left|\begin{matrix}\beta\\ a\\ \gamma\end{matrix}\right|_\mu \frac{dz}{z-\alpha_\lambda},$$

$$-2\pi i H_\mu = -\int \left|\begin{matrix}\delta\\ b\\ \gamma\end{matrix}\right|_\mu d\log(r^2) = -\sum_{\lambda=0}^{2p+1} \varrho_\lambda \int \left|\begin{matrix}\delta\\ b\\ \gamma\end{matrix}\right|_\mu \frac{dz}{z-\alpha_\lambda}$$

ist, und sich aus der Anlage des Querschnittsystems unmittelbar ergiebt:

$$G_\mu = \varrho_1 + \varrho_2 + \cdots + \varrho_{2\mu},$$
$$H_\mu = \varrho_{2\mu} + \varrho_{2\mu+1}.$$

Es ist daher:

$$\text{an } a_\lambda:\quad \overset{+}{V} - \overset{-}{V} = \int \begin{vmatrix} \delta \\ b \\ \gamma \end{vmatrix}_\lambda d\log r = \frac{1}{2}\int \begin{vmatrix} \delta \\ b \\ \gamma \end{vmatrix}_\lambda d\log(r^2) = H_\lambda . \pi i,$$

$$\text{„ } b_\lambda:\quad \overset{+}{V} = \overset{-}{V} = \int \begin{vmatrix} \beta \\ a \\ \gamma \end{vmatrix}_\lambda d\log r = -G_\lambda . \pi i.$$

Überträgt man diese Querschnittseigenschaften von $V$ auf $r = e^V$, so folgt: es ist

$$\text{an } a_\lambda: \overset{+}{r} = \overset{-}{r} . (-1)^{H_\lambda},$$

$$\text{„ } b_\lambda: \overset{+}{r} = \overset{-}{r} . (-1)^{G_\lambda},$$

$$\text{„ } d_\nu: \overset{+}{r} = \overset{-}{r}$$

$$\text{„ } D_1 \text{ u. } D_2: \overset{+}{r} = \overset{-}{r} . (-1)^k$$

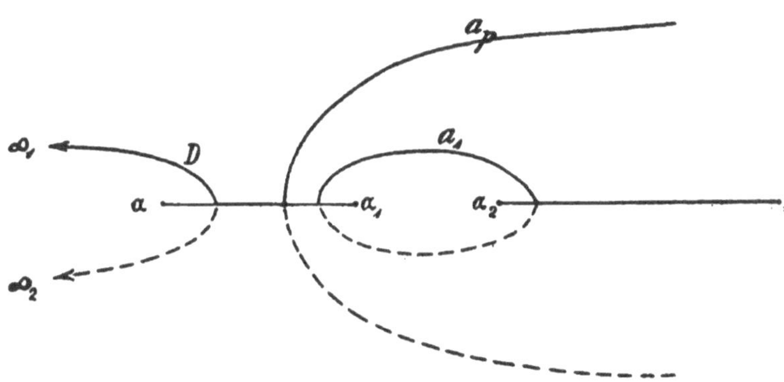


Fig. 4.

Um die Funktion $r$, die im hyperelliptischen Fall für uns das erste Beispiel einer algebraischen Funktion ist, die an den Querschnitten Potenzen von $(-1)$ ausscheidet, eindeutig zu machen, bedürfen wir also der Sperrlinien $d, d_1 \ldots d_{2p+1}$ nicht, ebenso sind die Schnitte $D_1$, $D_2$ überflüssig, wenn $k$ eine gerade Zahl ist; ist dagegen $k$ eine ungerade Zahl, so sind die Schnitte $D_1$, $D_2$ unentbehrlich, können dann aber zu einem einzigen Schnitt $D$ zusammengezogen werden, wie Fig. 4 zeigt.

Aus dem Vorigen ergiebt sich unter anderem, dafs keine der Funktionen

$$\sqrt{(z - \alpha_\lambda)} \qquad (\lambda = 0, 1, \quad 2p + 1)$$

in der Fläche $T'$ eindeutig ist, sondern erst in der Fläche $T_1$ mit dem Schnitt $D$, und dafs jede von ihnen an $D$ den Faktor $-1$ ausscheidet.*) Für die Funktion $\sqrt{z - \alpha}$ speziell ist:

$$\varrho = 1, \; \varrho_1 = \varrho_2 = \ldots = \varrho_{2p+1} = 0,$$

und daher

$$G_\mu = H_\mu = 0, \qquad (\mu = 1, 2, \ldots p)$$

$$k = 1.$$

Die Funktion $\sqrt{z - \alpha}$ ist daher eindeutig in der Fläche, die man erhält, wenn man in der ursprünglichen, nicht einfach zusammenhängenden Fläche $T$ den einen Schnitt $D$ anlegt.

Die Funktion $r$ findet ihre Anwendung bei der algebraischen Darstellung der hyperelliptischen Wurzelfunktionen zweiten Grades.

Auf die Theorie der hyperelliptischen Integrale gehen wir hier nicht weiter ein und verweisen für weitergehende Untersuchungen etwa auf Königsberger: Vorlesungen über die Theorie der hyperelliptischen Integrale, und auf eine sehr lesenswerte Abhandlung von Herrn P. Epstein: Zur Theorie der hyperelliptischen Integrale. Acta mathem. Bd. XX.

---

*) Die von Herrn Prym in seiner Abhandlung: Zur Theorie der Funkt. in einer 2-blättrigen Fläche pag. 36 aufgestellte Behauptung, dafs $\sqrt{z - \alpha_\nu}$ eine in $T'$ einwertige und stetige Funktion sei, ist nach dem Obigen unzutreffend. Die oben gegebene Untersuchung der Funktion $r$ ist einer Vorlesung von Christoffel entnommen.

# Kapitel IV.

# Die $\vartheta$-Funktion.

## § 17. Die hyperelliptische $\vartheta$-Funktion.

Die mit den hyperelliptischen Normalintegralen $u_1 \ldots u_p$ und ihren Periodizitätsmodulen $a_{\mu\lambda}$ gebildete $p$-fach unendliche Reihe

$$1^{0}) \quad \vartheta((u_\mu - e_\mu)) = \sum_{m_1=-\infty}^{+\infty} \cdots \sum_{m_p=-\infty}^{+\infty} e^{\sum\limits_{\mu=1}^{p}\sum\limits_{\nu=1}^{p} a_{\mu\nu} m_\mu m_\nu + 2\sum\limits_{\mu=1}^{p} m_\mu (u_\mu - e_\mu)}$$

mit den willkürlichen konstanten Parametern $e_1 \ldots e_p$, definiert, wenn man sie als Funktion von $z$ betrachtet, die hyperelliptische Riemann'sche $\vartheta$-Funktion. Verschwindet diese Funktion nicht identisch als Funktion von $z$, so besitzt sie in $T$ genau $p$ Nullpunkte erster Ordnung $\varepsilon_1 \ldots \varepsilon_\varkappa \ldots \varepsilon_p$, und es lassen sich dann die Parameter $e_1 \ldots e_p$ nur auf eine Weise auf die Form

$$2^{0}) \qquad e_\mu = \sum_{\varkappa=1}^{p} u_\mu(\varepsilon_\varkappa) - K_\mu - (gh)_\mu$$

bringen. Kommt es nur darauf an, eine $\vartheta$-Funktion mit den Nullpunkten $\varepsilon_1 \ldots \varepsilon_p$ zu haben, so können wir an Stelle von 1⁰) auch die Funktion

$$3^{0}) \qquad \vartheta\left(\left(u_\mu(o) - \sum_{\varkappa=1}^{p} u_\mu(\varepsilon_\varkappa) + K_\mu\right)\right)$$

nehmen, in der nur noch die durch

$$4^{0}) \quad K_\mu = \frac{1}{2}(\pi i + a_{\mu\mu}) + \frac{1}{\pi i} \sum_{\lambda \neq \mu} \int \left| \begin{matrix} \delta \\ b \\ \gamma \end{matrix} \right|_\lambda \overset{+}{u_\mu} du_\lambda \quad (\mu = 1 \ldots p)$$

definierten Riemann'schen Konstanten $K_1 \quad K_p$ zu berechnen sind.

Zur Bestimmung*) dieser Konstanten gehen wir aus

*) Christoffel: 'Vollständige Theorie der Riemann'schen $\vartheta$-Funktion. Math. ann. Bd. 54. pag. 392—395.

von der im vorigen Paragraphen ausgeführten Integralfunktion

$$J(o,\varepsilon)=\int\frac{s+\sigma}{z-\zeta}\cdot\frac{dz}{2s},$$

zwischen deren Periodizitätsmoduln

$$A_\lambda(\varepsilon)=\int\left|\begin{matrix}\delta\\ b\\ \gamma\end{matrix}\right|_\lambda\frac{s+\sigma}{z-\zeta}\cdot\frac{dz}{2s},\quad B_\lambda(\varepsilon)=\int\left|\begin{matrix}\beta\\ a\\ \gamma\end{matrix}\right|_\lambda\frac{s+\sigma}{z-\zeta}\cdot\frac{dz}{2s}$$

die Beziehungen:

$$5^0)\qquad 2u_\mu(\varepsilon)=B_\mu(\varepsilon)-\frac{1}{\pi i}\sum_{\nu=1}^{p}a_{\mu\nu}\,.\,A_\nu(\varepsilon)$$

bestehen. Sieht man hierin den willkürlichen Punkt $\varepsilon$ als variabel an, so liefert die Gleichung

$$6^0)\quad 2u_\mu(\varepsilon)=\int\left|\begin{matrix}\beta\\ a\\ \gamma\end{matrix}\right|_\mu\frac{s+\sigma}{z-\zeta}\cdot\frac{dz}{2s}-\frac{1}{\pi i}\sum_{\nu=1}^{p}a_{\mu\nu}\int\left|\begin{matrix}\delta\\ b\\ \gamma\end{matrix}\right|_\nu\frac{s+\sigma}{z-\zeta}\cdot\frac{dz}{2s}$$

für das Normalintegral I. Gattung eine neue Ausdrucksform, in der, entgegen der ursprünglichen Ausdrucksform

$$u_\mu(\varepsilon)=\int_a^\zeta\frac{\varphi_\mu(\zeta)\,d\zeta}{\sigma},$$

welche die Variabele $\zeta$ als obere Grenze des Integrals aufweist, diese Variabele nur mehr als **Parameter** unter dem Integralzeichen auftritt.

Setzt man $u_\mu(\varepsilon)$ aus 6⁰) in 4⁰) ein, so erhält man:

$$7^0)\quad K_\mu=\frac{1}{2}(\pi i+a_{\mu\mu})+\frac{1}{2\pi i}\sum_{\lambda\neq\mu}\int\left|\begin{matrix}\delta\\ b\\ \gamma\end{matrix}\right|_\gamma\left\{\int\left|\begin{matrix}\beta\\ a\\ \gamma\end{matrix}\right|_\mu\frac{s+\sigma}{z-\zeta}\cdot\frac{dz}{2s}\right.$$

$$\left.-\frac{1}{\pi i}\sum_{\nu=1}^{p}a_{\mu\nu}\int\left|\begin{matrix}\delta\\ b\\ \gamma\end{matrix}\right|_\nu\frac{s+\sigma}{z-\zeta}\cdot\frac{dz}{2s}\right\}du_\lambda(\varepsilon).$$

Bei der Auswertung der auf der rechten Seite dieser Gleichung stehenden Integrale ist zu beachten, einerseits, dafs die Integralausdrücke für $A_\lambda(\varepsilon)$, $B_\lambda(\varepsilon)$ nur gültig sind unter der Beschränkung, dafs keiner der Integrationswege $a_\mu$, $b_\nu$ durch $\varepsilon$ führt, andererseits, dafs der Ausdruck für $K_\mu$ an die Forderung geknüpft ist, dafs der variabele Punkt, also in 7°) der Punkt $\varepsilon$, dem $+$ Rande von $b_\lambda$ folgt. Beiden Forderungen wird man dadurch gerecht, dafs man im Ausdruck für $K_\mu$ jeden Integrationsweg $b_\lambda$ $(\lambda \neq \mu)$ durch einen ihn einschliefsenden $b'_\lambda$ (siehe Fig. 5) ersetzt, und dessen $+$ Rand vom Punkt $\varepsilon$ durchlaufen läfst. Die Formel 7°) geht dann über in:

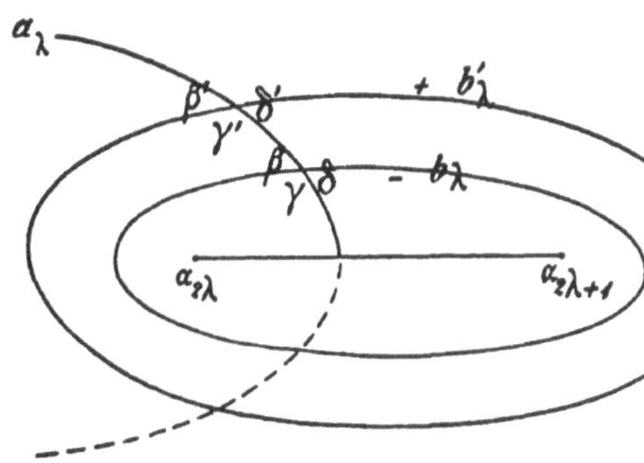


Fig. 5.

$$8°)\ K_\mu = \frac{1}{2}(\pi i + a_{\mu\mu}) + \frac{1}{4\pi i}\sum_{\lambda \neq \mu}\int \left|\begin{matrix}\delta'\\ b'\\ \gamma'\end{matrix}\right|_\lambda \left\{ \int \left|\begin{matrix}\beta\\ a\\ \gamma\end{matrix}\right|_\mu \frac{s+\sigma}{z-\zeta}\cdot\frac{dz}{s} \right.$$

$$\left. - \frac{1}{\pi i}\sum_{\nu=1}^{p} a_{\mu\nu}\int \left|\begin{matrix}\delta\\ b\\ \gamma\end{matrix}\right|_\nu \frac{s+\sigma}{z-\zeta}\cdot\frac{dz}{s}\right\} du_\lambda(\varepsilon),$$

wo die Reihenfolge der Integrationen sich vertauschen läfst.

Berücksichtigt man nun, dafs

$$\frac{s+\sigma}{z-\zeta}\cdot\frac{1}{s} = \frac{1}{z-\zeta} + \sigma\cdot\frac{1}{s(z-\zeta)},\quad du_\lambda(\varepsilon) = \frac{\varphi_\lambda(\zeta)\,.\,d\zeta}{\sigma},$$

und daher

$$\frac{s+\sigma}{z-\zeta}\cdot\frac{dz}{s}\cdot du_\lambda(\varepsilon) = du_\lambda(\varepsilon)\cdot\frac{dz}{z-\zeta} - \frac{dz}{s}\cdot\frac{\varphi_\lambda(\zeta)\,.\,d\zeta}{\zeta-z}$$

ist, so sieht man, dafs Formel 8.) nach teilweiser Vertauchung der Integrationsfolge sich auch schreiben läfst:

9.) $$K_\mu = \frac{1}{2}(\pi i + a_{\mu\mu})$$

$$-\frac{1}{4\pi i}\sum_{\lambda\neq\mu}\int\left|\begin{matrix}\delta'\\ b'\\ \gamma'\end{matrix}\right|_\lambda\left\{du_\lambda(\varepsilon)\,.\int\left|\begin{matrix}\beta\\ a\\ \gamma\end{matrix}\right|_\mu\frac{dz}{z-\zeta}\right\}$$

$$-\frac{1}{4\pi i}\sum_{\lambda\neq\mu}\int\left|\begin{matrix}\beta\\ a\\ \gamma\end{matrix}\right|_\mu\left\{\frac{dz}{s}\cdot\int\left|\begin{matrix}\delta'\\ b'\\ \gamma'\end{matrix}\right|_\lambda\frac{\varphi_\lambda(\zeta)\,.\,d\zeta}{\zeta-z}\right\}$$

$$-\frac{1}{4\pi i\,.\,\pi i}\sum_{\lambda\neq\mu}\sum_{\nu=1}^{p}a_{\mu\nu}\int\left|\begin{matrix}\delta'\\ b'\\ \gamma'\end{matrix}\right|_\lambda\left\{du_\lambda(\varepsilon)\,.\int\left|\begin{matrix}\delta\\ b\\ \gamma\end{matrix}\right|_\nu\frac{dz}{z-\zeta}\right\}$$

$$+\frac{1}{4\pi i\,.\,\pi i}\sum_{\lambda\neq\mu}\sum_{\nu=1}^{p}a_{\mu\nu}\int\left|\begin{matrix}\delta\\ b\\ \gamma\end{matrix}\right|_\nu\left\{\frac{dz}{s}\cdot\int\left|\begin{matrix}\delta'\\ b'\\ \gamma'\end{matrix}\right|_\lambda\frac{\varphi_\lambda(\zeta)\,.\,d\zeta}{\zeta-z}\right\},$$

wo nun die einzelnen Summanden der rechten Seite sich ausrechnen lassen.

Das in der ersten Summe auftretende Integral

$$\int\left|\begin{matrix}\beta\\ a\\ \gamma\end{matrix}\right|_\mu\frac{dz}{z-\zeta}$$

ist $= 2\pi i$ oder $= 0$, je nachdem der Punkt $\varepsilon$, in dem $z=\zeta$ ist, von $a_\mu$ eingeschlossen ist oder nicht. Der Punkt $\varepsilon$ ist aber in den einzelnen Summanden der ersten rechts stehenden Summe ein Punkt von $b'_1, b'_2, \ldots b'_{\mu-1}, b'_{\mu+1}, \ldots b'_p$. Bei der angenommenen Anordnung des Querschnittsystems von $T'$ ist also $\varepsilon$ von $a_\mu$ nur für $\lambda = 1, 2, \ldots \mu-1$ eingeschlossen, und es ist daher:

$$\frac{1}{4\pi i}\sum_{\lambda \neq \mu}\int\left|\begin{matrix}\delta'\\ b'\\ \gamma'\end{matrix}\right|_{\lambda}\left\{du_\lambda(\varepsilon)\,.\int\left|\begin{matrix}\beta\\ a\\ \gamma\end{matrix}\right|_{\mu}\frac{dz}{z-\zeta}\right\}$$

$$= -\frac{1}{2}\sum_{\lambda=1}^{\mu-1}\int\left|\begin{matrix}\delta'\\ b'\\ \gamma'\end{matrix}\right|_{\lambda}.\,du_\lambda(\varepsilon) = -\frac{\pi i}{2}(\mu-1)\,.$$

Das in der zweiten Summe auftretende Integral

$$\int\left|\begin{matrix}\delta'\\ b'\\ \gamma'\end{matrix}\right|_{\lambda}\frac{\varphi_\lambda(\zeta)\,.\,d\zeta}{\zeta - z}$$

ist, da der Integrationsweg $b'_\lambda\ (\lambda \neq \mu)$ den einzigen Unstetigkeitspunkt $\zeta = z$ des Integranden, der ein Punkt von $a_\mu$ ist, nicht einschliefst, $= 0$. Die Summe selbst ist daher ebenfalls $= 0$.

Ebenso ist das Integral

$$\int\left|\begin{matrix}\delta\\ b\\ \gamma\end{matrix}\right|_{\nu}\frac{dz}{z-\zeta}$$

und die dritte Summe selbst gleich Null. — In dem Integrale

$$\int\left|\begin{matrix}\delta'\\ b'\\ \gamma'\end{matrix}\right|_{\lambda}\frac{\varphi_\lambda(\zeta)\,.\,d\zeta}{\zeta - z}$$

der vierten Summe endlich ist der Unstetigkeitspunkt $\zeta = z$ des Integranden ein Punkt von $b_\nu$ und nur dann vom Integrationswege $b_\lambda$ eingeschlossen, wenn $\nu = \lambda$ ist. Die vierte Summe reduziert sich also auf:

$$\frac{1}{4\pi i\,.\,\pi i}\sum_{\lambda \neq \mu} a_{\mu\lambda}\int\left|\begin{matrix}\delta\\ b\\ \gamma\end{matrix}\right|_{\lambda}\left\{\frac{dz}{s}\,.\int\left|\begin{matrix}\delta'\\ b'\\ \gamma'\end{matrix}\right|_{\lambda}\frac{\varphi_\lambda(\zeta)\,.\,d\zeta}{\zeta - z}\right.$$

und dies hinwieder, da

$$\int\left|\begin{matrix}\delta'\\ b'\\ \gamma'\end{matrix}\right|_{\lambda}\frac{\varphi_\lambda(\zeta)\,.\,d\zeta}{\zeta - z} = \varphi_\lambda(z)\,.\,2\pi i$$

ist, auf

$$\frac{1}{2\pi i}\sum_{\lambda \neq \mu} a_{\mu\lambda}\int\left|\begin{matrix}\delta\\ b\\ \gamma\end{matrix}\right|_{\lambda}\frac{\varphi_\lambda(z)\,.\,dz}{s} = \frac{1}{2}\sum_{\lambda \neq \mu} a_{\mu\lambda}\,.$$

Für $K_\mu$ erhält man daher den Wert:

$$K_\mu = \frac{1}{2}(\pi i + a_{\mu\mu}) - \frac{\pi i}{2}(\mu - 1) + \frac{1}{2}\sum_{\lambda \neq \mu} a_{\mu\lambda},$$

oder

10.) $$K_\mu = \pi i - \frac{1}{2}\mu . \pi i + \frac{1}{2}\sum_{\lambda=1}^{p} a_{\mu\lambda}.$$

Schreibt man dies schliefslich in der Form

11.) $$K_\mu = \frac{1}{2}(G H)_\mu,$$

wo $G_\mu = 2 - \mu,\ H_1 = H_2 = \ldots = H_p = 1$

so hat man den

**Satz I.)** Nimmt man den freien Verzweigungspunkt $\alpha$ als gemeinsame untere Grenze der $p$ Normalintegrale $u_1 \ldots u_p$ an und legt man das System der Querschnitte $a_\lambda, b_\lambda$ $(\lambda = 1, \ldots p)$ wie in Fig. 2, fest, so bilden die Werte der $p$ Riemann'schen Konstanten $K_1 \ldots K_p$ ein System halber Simultanperioden, und zwar ist

$$K_\mu = \frac{1}{2}(G H)_\mu, \qquad (\mu = 1, \ldots p)$$

wo $G_\mu = 2 - \mu,\ H_1 = H_2 = \ldots = H_p = 1$ ist. Die diesem System entsprechende Periodencharakteristik $(K)$ lautet also:

$$(K) \equiv \begin{pmatrix} 1 & 1 & 1 & 1 \ldots 1 \\ 1 & 0 & 1 & 0 \ldots 0 \end{pmatrix},$$

oder

$$(K) \equiv \begin{pmatrix} 1 & 1 & 1 & 1 \ldots 1 \\ 1 & 0 & 1 & 0 \ldots 1 \end{pmatrix},$$

je nachdem $p$ gerade oder ungerade ist, oder auch allgemein:

12.) $$(K) \equiv \begin{pmatrix} 1 & 1 & 1 \ldots\ldots\ldots & 1 & 1 \\ 1 & 2 & 3 \ldots & p-1 & p \end{pmatrix}.^{*)}$$

*) Vergleiche hiermit: Prym, Zur Theorie der Funktionen in einer zweiblättrigen Fläche, pag. 35.

Die mit den eben gefundenen Werten der $K_\mu$ gebildete hyperelliptische $\vartheta$-Funktion:

$$\vartheta\left(\left(u_\mu(o) - \sum_{\varkappa=1}^{p} u_\mu(\varepsilon_\varkappa) + K_\mu\right)\right)$$

verschwindet dann und nur dann identisch als Funktion von $z$, wenn die $p$ Punkte $\varepsilon_1 \ldots \varepsilon_p$ ein Punktsystem I. Gattung im weiteren Sinne bilden, d. h. wenn sich unter diesen Punkten ein notwendiger befindet; letzteres ist aber nur dann der Fall, wenn sich unter den Punkten $\varepsilon_1 \ldots \varepsilon_p$ Paare einander bedeckender Punkt $(s_1, z)$, $(s_2, z)$ vorfinden. Ist dies ausgeschlossen, so hat die $\vartheta$-Funktion die Punkte $\varepsilon_1 \ldots \varepsilon_p$ zu Nullpunkten 1. Ordnung. Berücksichtigt man dann noch, daſs die $K_\mu$ ein System halber Simultanperioden bilden, so daſs die zwei Funktionen

$$\vartheta\left(\left(u_\mu(o) - \sum_{\varkappa=1}^{p} u_\mu(\varepsilon_\varkappa) + K_\mu\right)\right) \text{ und } \vartheta\left(\left(u_\mu(o) - \sum_{1=1}^{p} u_\mu(\varepsilon_\varkappa) - K_\mu\right)\right)$$

dieselben Nullpunkte 1. Ordnung besitzen, so hat man den

**Satz II°)** Die hyperelliptische $\vartheta$-Funktion

$$\vartheta\left(\left(u_\mu(o) - \sum_{\varkappa=1}^{p} u_\mu(\varepsilon_\varkappa) \pm K_\mu\right)\right)$$

verschwindet dann und nur dann als Funktion von $z$, wenn zwei der Punkte $\varepsilon_1 \ldots \varepsilon_p$ einander in der Fläche $T$ bedecken. Ist dies nicht der Fall, so verschwindet die $\vartheta$-Funktion jedesmal zur 1. Ordnung, wenn der variabele Punkt $o(s, z)$ mit einem der Punkte $\varepsilon_1 \ldots \varepsilon_\varkappa \ldots \varepsilon_p$ zusammenfällt.

Bedeuten allgemein $\varepsilon$, $\varepsilon'$ zwei einander bedeckende Punkte der Fläche $T$, so daſs $\varepsilon$, $\varepsilon'$ ein Punktsystem I. Gattung der Klasse bilden, so ist (Abel'sches Theorem):

$$u_\mu(\varepsilon) + u_\mu(\varepsilon') \equiv 0,$$

und daher
$$\sum_{\varkappa=1}^{p} u_\mu(\varepsilon_\varkappa) \equiv -\sum_{\varkappa=1}^{p} u_\mu(\varepsilon'_\varkappa).$$

Die zwei Funktionen:

$$\vartheta\left(\left(u_\mu(o)-\sum_{\varkappa=1}^{p}u_\mu(\varepsilon_\varkappa)\pm K_\mu\right)\right) \text{ und } \vartheta\left(\left(u_\mu(o)+\sum_{\varkappa=1}^{p}u_\mu(\varepsilon_\varkappa')\pm K_\mu\right)\right)$$

haben also dieselben Nullpunkte, und wir können den vorigen Satz auch aussprechen, wie folgt:

**Satz II.$_a^0$)** Die Funktion

$$13^0) \qquad \vartheta\left(\left(\sum_{\varkappa=0}^{p}u_\mu(o_\varkappa)\pm K_\mu\right)\right)$$

in der jeder der $p+1$ Punkte $o_\varkappa$ als variabel angesehen werden kann, verschwindet als Funktion der Koordinaten $(s_\nu, z_\nu)$ eines Punktes $o_\nu$ dann und nur dann, wenn der Punkt $o_\nu$ und irgend einer der $p$ übrigen Punkte $o_\varkappa$ sich in der Fläche $T$ bedecken.

Bilden die $p$ Punkte $\varepsilon_1 \ldots \varepsilon_p$ ein Punktsystem I. Gattung, in dem $\varkappa$ Paare einander bedeckender Punkte vorkommen, so verschwindet die Riemann'sche Primärreihe

$$\vartheta\left(\left(u_\mu(o)-\sum_{\varkappa=1}^{p}u_\mu(\varepsilon_\varkappa)\pm K_\mu\right)\right)$$

als Funktion von $z$ identisch, samt ihren ersten bis $(\varkappa-1)^{\text{ten}}$ partiellen Derivierten; die $\varkappa^{\text{ten}}$ Derivierten werden aber nicht mehr alle identisch Null. An Stelle der Primärreihe tritt dann jedenfalls, wenn nicht etwa die $\varkappa$ Paare einander bedeckender Punkte alle oder zum Teil in Verzweigungspunkte rücken, als Funktion mit den Nullpunkten $\varepsilon_1 \ldots \varepsilon_p$ und den charakteristischen Eigenschaften der $\vartheta$-Funktion, eine Sekundärreihe von der Ordnung $\varkappa$.

Läfst man in

$$\vartheta\left(\left(u_\mu(o)-\sum_{\varkappa=1}^{p}u_\mu(\varepsilon_\varkappa)\pm K_\mu\right)\right)$$

und

$$\vartheta\left(\left(u_\mu(o)+\sum_{\varkappa=1}^{p}u_\mu(\varepsilon_\varkappa)\pm K_\mu\right)\right),$$

wo unter den $p$ Punkten $\varepsilon_1 \ldots \varepsilon_p$ keine zwei einander bedeckende vorkommen mögen, einen Punkt $\varepsilon$, etwa $\varepsilon_p$, mit dem Verzweigungspunkte $\alpha$ zusammenfallen, und berücksichtigt man, dafs $u_\mu(\alpha) = 0$ ist, so ergiebt aus Satz II°) und $\text{II}^0_a$)

**Satz III°)** Die Funktion

14°) $$\vartheta\left(\left(u_\mu(o) - \sum_{\varkappa=1}^{p-1} u_\mu(\varepsilon_\varkappa) \pm K_\mu\right)\right)$$

wird $= 0^1$ in $\varepsilon_1 \quad \varepsilon_{p+1}$ und $\alpha$, und die Funktion

15°) $$\vartheta\left(\left(u_\mu(o) + \sum_{\varkappa=1}^{p-1} u_\mu(\varepsilon_\varkappa) \pm K_\mu\right)\right)$$

in $\varepsilon_1' \ldots \varepsilon_{p-1}'$ und $\alpha$, wo allgemein $\varepsilon_\varkappa$ und $\varepsilon_\varkappa'$ einander bedeckende Punkte bezeichnen.

Kommen in den zwei Funktionen

$$\vartheta\left(\left(u_\mu(o) - \sum_{\varkappa=1}^{p} u_\mu(\varepsilon_\varkappa) \pm K_\mu\right)\right)$$

und $$\vartheta\left(\left(u_\mu(o) + \sum_{p=1}^{p} u_\mu(\varepsilon_\varkappa) \pm K_\mu\right)\right)$$

je $r$ Paare einander bedeckender Punkte $\varepsilon$, $\varepsilon'$ vor, so reduzieren sich diese Funktionen, vermöge der Beziehung

$$u_\mu(\varepsilon) + u_\mu(\varepsilon') = 0,$$

auf $$\vartheta\left(\left(u_\mu(o) - \sum_{\varkappa=1}^{p-2r} u_\mu(\varepsilon_\varkappa) \pm K_\mu\right)\right)$$

und $$\vartheta\left(\left(u_\mu(o) + \sum_{\varkappa=1}^{p-2r} u_\mu(\varepsilon_\varkappa) \pm K_\mu\right)\right),$$

welche hinwieder, wenn noch der Punkt $\varepsilon_{p-2r}$ mit $\alpha$ zusammenfällt, in

$$\vartheta\left(\left(u_\mu(o) \mp \sum_{\varkappa=1}^{p-2r-1} u_\mu(\varepsilon_\varkappa) \pm K_\mu\right)\right)$$

übergehen. Aus Satz II°) und III°) ergiebt sich dann:

**Satz IV$^0$.)** Für $q > 1$ ist stets

16$^0$.)
$$\vartheta\left(\left(u_\mu(o) \mp \sum_{\varkappa=1}^{p-q} u_\mu(\varepsilon_\varkappa) \pm K_\mu\right)\right)$$

identisch Null als Funktion von $z$.

Läſst man schlieſslich in sämtlichen Funktionen der Sätze II$^0$.), II$^0_a$.), III$^0$.) und IV$^0$.) den variabelen Punkt $o(s, z)$ nach $\alpha$ rücken, so erhält man

**Satz V$^0$.)** Enthält das Punktsystem $\varepsilon_1 \ldots \varepsilon_p$ weder den Verzweigungspunkt $\alpha$ noch Paare einander bedeckender Punkte, so ist stets:

17$^0$.)
$$\vartheta\left(\left(\pm \sum_{\varkappa=1}^{p} u_\mu(\varepsilon_\varkappa) \pm K_\mu\right)\right) \neq 0;$$

ist $q > 1$, so ist stets

18$^0$.)
$$\vartheta\left(\left(\pm \sum_{\varkappa=1}^{p-q} u_\mu(\varepsilon_\varkappa) \pm K_\mu\right)\right) = 0,$$

wie auch die Punkte $\varepsilon_1 \ldots \varepsilon_{p-q}$ angenommen sein mögen.*)

---

## § 18. $\vartheta$-Funktionen mit zweiteiligen Charakteristiken.

Aus der hyperelliptischen $\vartheta$-Funktion

$$\vartheta((v_\mu)) = \vartheta\left(\left(u_\mu(o) - \sum_{\varkappa=1}^{p} u_\mu(\varepsilon_\varkappa) + K_\mu\right)\right)$$

leiten wir, analog wie in der allgemeinen Theorie der Abelschen Funktionen, eine allgemeinere $\vartheta$-Reihe ab, die definier ist durch die Gleichung:

1$^0$.)
$$\vartheta\begin{bmatrix} h \\ g \end{bmatrix}((v_\mu)) = \vartheta\begin{bmatrix} h_1 \ldots h_p \\ g_1 \ldots g_p \end{bmatrix}((v_\mu)) =$$

$$\sum_{m_1=-\infty}^{+\infty} \cdots \sum_{m_p=-\infty}^{+\infty} e^{\sum_{\mu=1}^{p}\sum_{\nu=1}^{p} a_{\mu\nu}\left(m_\mu + \frac{h_\mu}{2}\right)\left(m_\nu + \frac{h_\nu}{2}\right) + 2\sum_{\nu=1}^{p}\left(m_\nu + \frac{h_\nu}{2}\right)\left(v_\nu + \frac{g_\nu}{2} \cdot \pi i\right)}.$$

---

*) Für die Sätze dieses und des folgenden Paragraphen vergleiche Prym: Zur Theorie der Funktionen u. s. w.

Für die durch diese Reihe definierte Funktion von $z$ gelten (siehe § 3) die Beziehungen:

$$2^0)\quad \vartheta\begin{bmatrix}h\\g\end{bmatrix}((v_\mu)) = C\,.\,\vartheta\left((v_\mu + \frac{1}{2}(gh)_\mu)\right).\,e^{\sum\limits_{\mu=1}^{p} h_\mu v_\mu},$$

wo $C =$ konstant,

$$3^0)\quad \vartheta\begin{bmatrix}h+2h'\\g+2g'\end{bmatrix}((v_\mu)) = \vartheta\begin{bmatrix}h\\g\end{bmatrix}((v_\mu)).(-1)^{\sum\limits_{\mu=1}^{p} h_\mu g'_\mu},$$

$$4^0)\quad \vartheta\begin{bmatrix}h\\g\end{bmatrix}((-v_\mu)) = \vartheta\begin{bmatrix}-h\\-g\end{bmatrix}((v_\mu)) = \vartheta\begin{bmatrix}h\\g\end{bmatrix}((v_\mu)).(-1)^{\sum\limits_{\mu=1}^{p} h_\mu g_\mu}.$$

Das Symbol $\begin{bmatrix}h\\g\end{bmatrix}$, in dem $h_1 \ldots h_p$, $g_1 \ldots g_p$ ganze Zahlen bedeuten, nennen wir, wie früher, eine $\vartheta$-Charakteristik, weil durch sie die Gestalt der $\vartheta$-Reihe charakterisiert ist. Für die $\vartheta$-Funktion, welche durch die Reihe $1^0$) mit der zweiteiligen Charakteristik $\begin{bmatrix}h\\g\end{bmatrix}$ definiert ist, gelten nun sofort die Sätze des § 3), so namentlich, dafs man alle möglichen $\vartheta$-Funktionen $1^0$) erhält, wenn man die Zahlen $g$, $h$ auf ihre Reste 0 oder 1 (modulo 2) reduziert, dafs die Anzahl aller wesentlich verschiedenen Funktionen $\vartheta\begin{bmatrix}h\\g\end{bmatrix}((v_\mu))$ oder aller inkongruenten $\vartheta$-Charakteristiken $= 2^{2p}$ ist, dafs von diesen Funktionen oder Charakteristiken $2^{p-1}(2^p + 1)$ gerade und $2^{p-1}(2^p - 1)$ ungerade sind, und dafs die letzten Funktionen für die Nullwerte der Argumente $((v_\mu))$ verschwinden.

Die $2^{2p}$ $\vartheta$-Charakteristiken $\begin{bmatrix}h\\g\end{bmatrix}$ sind nicht zu verwechseln mit den früher eingeführten Periodencharakteristiken $\begin{pmatrix}h\\g\end{pmatrix}$. Während die $2^{2p}$ $\vartheta$-Charakteristiken unter sich vollkommen gleichberechtigt sind und nur zur Definition der $2^{2p}$ verschiedenen möglichen $\vartheta$-Funktionen dienen, ist eine Periodencharakteristik $\begin{pmatrix}h\\g\end{pmatrix}$ nichts anderes als ein Symbol für diejenige ganze Gruppe von Systemen von je $p$ halben Simultanperioden, die sich ergiebt, wenn man in dem System

$$\frac{1}{2}(gh)_1,\quad \frac{1}{2}(gh)_2,\ \ldots,\quad \frac{1}{2}(gh)_p$$

einzelne oder mehrere der Zahlen $g_1 \dots g_p$, $h_1 \dots h_p$ um ganze Vielfache von 2 vermehrt oder vermindert. Aus diesem Grunde hat Herr Prym für die Periodencharakteristiken die Bezeichnung Gruppencharakteristik benutzt. Unter den Periodencharakteristiken nimmt die Charakteristik $\binom{0}{0}$ eine Sonderstellung ein; man nennt sie die uneigentliche Periodencharakteristik.

Sieht man bei den Periodencharakteristiken von ihrer Beziehung zu den Systemen halber Simultanperioden ab, d. h. hebt man die Sonderstellung der uneigentlichen Periodencharakteristiken $\binom{0}{0}$ auf, so gehen die Periodencharakteristiken über in $\vartheta$-Charakteristiken, und für die letzteren gelten dann die Sätze, die wir über die Periodencharakteristiken bewiesen haben. Namentlich können wir jedem der $2p+2$ Verzweigungspunkte $\alpha, \alpha_1, \alpha_2 \dots \alpha_{2p+1}$ eine $\vartheta$-Charakteristik zuordnen. Alle diese $2p+2$ $\vartheta$-Charakteristiken bilden wieder ein Fundamentalsystem; $p+2$ derselben, nämlich die auf $\alpha, \alpha_1, \alpha_3 \dots \alpha_{2p+1}$ bezüglichen, sind gerade, die $p$ übrigen auf $\alpha_2, \alpha_4, \dots \alpha_{2p}$ bezüglichen sind ungerade, und es gilt der Satz, dafs jede $\vartheta$-Charakteristik sich durch höchstens $p$ der auf $\alpha_1, \alpha_2, \dots \alpha_{2p+1}$ bezüglichen linear darstellen läfst.

Berücksichtigt man, dafs jedes System inkongruenter Charakteristiken wieder inkongruente Charakteristiken ergiebt, wenn man zu jeder Charakteristik des Systems die nämliche, sonst beliebige Charakteristik addiert, so kann man auch sagen: jede der $2^{2p}$ $\vartheta$-Charakteristiken $\begin{bmatrix} h \\ g \end{bmatrix}$ läfst sich darstellen in der Form:

$$\begin{bmatrix} h \\ g \end{bmatrix} = [K] + \sum_{\varrho=1}^{r} [\alpha]_\varrho, \tag{5.}$$

wo $r \overline{\gtrless} p$ ist, und $\sum_{\varrho=1}^{r} [\alpha]_\varrho$ als $\vartheta$-Charakteristik aufgefafst, die Summe von $r$ verschiedenen $\vartheta$-Charakteristiken bezeichnet, die Verzweigungspunkten $b_1 \dots b_r$ aus der Reihe $\alpha_1, \alpha_2 \dots \alpha_{2p+1}$ zugeordnet sind, und als Periodencharakteristik aufgefafst, die Summe $\sum_{\varrho=1}^{r} u_\mu(b_\varrho)$ der $r$ Systeme von halben Simultanperioden, die denselben Verzweigungspunkten $b_1 \ldots b_r$ entsprechen. — Für die beliebige Charakteristik $[K]$ nehmen wir im Folgenden die Charakteristik

$$\begin{bmatrix} 1 & 1 & 1 \ldots 1 \\ 1 & 2 & 3 \ldots p \end{bmatrix},$$

welche den Riemann'schen Konstanten $K_1 \ldots K_p$ entspricht.

Mit Anwendung des vorigen Resultates ergiebt sich aus 2°) die Gleichung:

$$6^\circ)\qquad \vartheta\begin{bmatrix} h \\ g \end{bmatrix}((v_\mu)) = \vartheta\,[K + \sum_\varrho [a]\,((v_\mu))$$

$$= C \,.\, \vartheta\,((v_\mu + \sum_{\varrho=1}^{r} u_\mu(b_\varrho) + K_\mu))\,.\,e^{\sum_1^p h_\mu v_\mu},$$

worin die in $C$ und der Exponentialgröfse $e^{\Sigma h_\mu v_\mu}$ auftretenden Zahlen $h$, $g$ gemäfs 5°) angenommen sind. — Läfst man in 6°) die Argumente $v_\mu = u_\mu(o) - \sum_1^p u_\mu(\varepsilon_\varkappa) + K_\mu$ verschwinden, so erhält man:

$$7^\circ)\ \vartheta\begin{bmatrix} h \\ g \end{bmatrix}((o)) = \vartheta\,[K + \sum_\varrho [a]_\varrho]((o)) = C \,.\, \vartheta\left(\left(\sum_{\varrho=1}^{r} u_\mu(b_\varrho) + K_\mu\right)\right).$$

Berücksichtigt man daher, dafs der Verzweigungspunkt $a$ unter den Punkten $b_1 \ldots b_r$ nicht vorkommt, und auch keine zwei Punkte aus der Reihe $b_1 \ldots b_r$ einander in $T$ bedecken, so erhält man aus 7°) mit Anwendung des Satzes V°) des vorigen Paragraphen:

**Satz I°)** Die hyperelliptische $\vartheta$-Funktion

$$\vartheta\begin{bmatrix} h \\ g \end{bmatrix}((v_\mu)),$$

wo

$$\begin{bmatrix} h \\ g \end{bmatrix} = [K] + \sum_{\varrho=1}^{r} [a]_\varrho$$

ist, verschwindet für die Nullwerte der Argumente $v_\mu$, wenn $r < p$ ist, und ist von Null verschieden, wenn $r = p$ ist.

Die Anzahl aller möglichen $\sum_{\varrho=1}^{p}[\alpha]_\varrho$ ist

$$(2p+1)_p = \frac{(2p+1)\,2p\,.\,.\,.\,.\,.\,.\,.\,.\,.\,(p+2)}{1.2.3\ldots p};$$

ebenso grofs ist also anch die Anzahl der für die Nullwerte der Argumente nicht verschwindenden Funktionen

$$\vartheta\begin{bmatrix}h\\g\end{bmatrix}((v_\mu)),$$

und diese Funktionen müssen alle gerade sein. Die Anzahl aller geraden $\vartheta$-Funktionen ist aber $= 2^{p-1}(2^p+1)$; es gilt daher der

**Satz II°)** Im allgemeinen hyperelliptischen Falle giebt es

$$2^{p-1}(2^p+1) - (2p+1)_p$$

gerade $\vartheta$-Funktionen $\vartheta\begin{bmatrix}h\\g\end{bmatrix}((v_\mu))$, welche für die Nullwerte der Argumente $v_\mu$ verschwinden. Es sind dies diejenigen geraden Funktionen, für welche in

$$\begin{bmatrix}h\\g\end{bmatrix} = [K] + \sum_{\varrho=1}^{r}[\alpha]_\varrho$$

die Zahl $r < p$ ist.

Hieraus folgt z. B.: für $p=2$ giebt es keine, für $p=3$ eine, für $p=4$ zehn gerade $\vartheta$-Funktionen, die für die Nullwerte der Argumente verschwinden. Für $p=3$ läfst sich diese $\vartheta$-Funktion sogleich angeben. In diesem Falle ist nämlich

$$[K] = \begin{bmatrix}1 & 1 & 1\\1 & 0 & 1\end{bmatrix}$$

selbst eine gerade Charakteristik, und daher

$$\vartheta\,[K]\,((o)) = 0.$$

Wir wollen nun den der Theorie der Periodencharakteristiken entlehnten Satz, auf dem die zwei letzten Sätze beruhen, wieder in seiner ursprünglichen Form heranziehen. Danach läſst sich jede ϑ-Charakteristik $\begin{bmatrix} h \\ g \end{bmatrix}$ mit Ausnahme derjenigen, in der alle Elemente $h$, $g$ Null sind, darstellen durch eine Summe

$$\begin{bmatrix} h \\ g \end{bmatrix} = \sum_{\varrho=1}^{r'} [\alpha]_\varrho$$

von $r' \gtrless p$ verschiedenen, ebenso vielen Verzweigungspunkten aus der Reihe $\alpha_1 \ldots \alpha_{2p+1}$ zugeordneten Charakteristiken des Fundamentalsystems. Wir benutzen dies, um, nach Weierstraſs, für alle $2^{2p}$ ϑ-Charakteristiken dieselbe symbolische Numerierung durchzuführen, wie bei den Periodencharakteristiken. Um dann weiter anzudeuten, daſs in $\vartheta \begin{bmatrix} h \\ g \end{bmatrix} ((v_\mu))$ die ϑ-Charakteristik $\begin{bmatrix} h \\ g \end{bmatrix}$ etwa die Nummer 124 trägt, schreiben wir für $\vartheta \begin{bmatrix} h \\ g \end{bmatrix} ((v_\mu))$ kurz $\vartheta_{124}((v_\mu))$.

Diese Weierstraſs'sche Indicesbezeichnung wollen wir für $p = 2$ vollständig durchführen.

Für $p = 2$ ist die Anzahl $2^{2p}$ aller ϑ-Charakteristiken $= 16$. Die den Verzweigungspunkten

$$\alpha, \quad \alpha_1, \quad \alpha_2, \quad \alpha_3, \quad \alpha_4, \quad \alpha_5$$

entsprechenden Charakteristiken

$$\begin{bmatrix} 00 \\ 00 \end{bmatrix}, \begin{bmatrix} 00 \\ 11 \end{bmatrix}, \begin{bmatrix} 10 \\ 11 \end{bmatrix}, \begin{bmatrix} 10 \\ 01 \end{bmatrix}, \begin{bmatrix} 01 \\ 01 \end{bmatrix}, \begin{bmatrix} 01 \\ 00 \end{bmatrix}$$

erhalten nach Weierstraſs die Nummern:

$$5, \quad 0, \quad 1, \quad 2, \quad 3, \quad 4,$$

und dieselben Indicesnummern erhalten die mit diesen Charakteristiken gebildeten ϑ-Funktionen:

$$\vartheta_5((v_\mu)), \ \vartheta_0((v_\mu)), \ \vartheta_1((v_\mu)), \ \vartheta_2((v_\mu)), \ \vartheta_3((v_\mu)), \ \vartheta_4((v_\mu)).$$

Die Indices aller übrigen Charakteristiken und ϑ-Funktionen setzen sich zusammen aus je zwei der Zahlen 0, 1, 2, 3, 4, wie die nachstehende Tabelle zeigt.

A°) Gerade $\vartheta$-Funktionen für $p=2$:

| Charakteristik | $\begin{bmatrix}00\\00\end{bmatrix}$ | $\begin{bmatrix}11\\00\end{bmatrix}$ | $\begin{bmatrix}00\\10\end{bmatrix}$ | $\begin{bmatrix}10\\01\end{bmatrix}$ | $\begin{bmatrix}10\\00\end{bmatrix}$ |
|---|---|---|---|---|---|
| $\vartheta$-Funktion | $\vartheta_5$ | $\vartheta_{23}$ | $\vartheta_{12}$ | $\vartheta_2$ | $\vartheta_{01}$ |
| Charakteristik | $\begin{bmatrix}00\\11\end{bmatrix}$ | $\begin{bmatrix}11\\11\end{bmatrix}$ | $\begin{bmatrix}01\\00\end{bmatrix}$ | $\begin{bmatrix}00\\01\end{bmatrix}$ | $\begin{bmatrix}01\\10\end{bmatrix}$ |
| $\vartheta$-Funktion | $\vartheta_0$ | $\vartheta_{14}$ | $\vartheta_4$ | $\vartheta_{34}$ | $\vartheta_{03}$ |

B°) Ungerade $\vartheta$-Funktionen für $p=2$:

| Charakteristik | $\begin{bmatrix}10\\11\end{bmatrix}$ | $\begin{bmatrix}01\\01\end{bmatrix}$ | $\begin{bmatrix}11\\10\end{bmatrix}$ | $\begin{bmatrix}10\\10\end{bmatrix}$ | $\begin{bmatrix}01\\11\end{bmatrix}$ | $\begin{bmatrix}11\\01\end{bmatrix}$ |
|---|---|---|---|---|---|---|
| $\vartheta$-Funktion | $\vartheta_1$ | $\vartheta_3$ | $\vartheta_{13}$ | $\vartheta_{02}$ | $\vartheta_{04}$ | $\vartheta_{24}$ |

Die Funktion $\vartheta_5$ ist identisch mit der ursprünglichen Funktion $\vartheta((v_\mu))$.

Für $p=3$ sind die Nummern 7, 0, 1, 2, 3, 4, 5, 6 entsprechenden Fundamentalcharakteristiken

$$\begin{bmatrix}000\\000\end{bmatrix}, \begin{bmatrix}000\\111\end{bmatrix}, \begin{bmatrix}100\\111\end{bmatrix}, \begin{bmatrix}100\\011\end{bmatrix}, \begin{bmatrix}010\\011\end{bmatrix}, \begin{bmatrix}010\\001\end{bmatrix}, \begin{bmatrix}001\\001\end{bmatrix}, \begin{bmatrix}001\\000\end{bmatrix},$$

und die einzige für die Nullwerte der Argumente verschwindende gerade $\vartheta$-Funktion ist $\vartheta_{135}((v_\mu))$ mit der Charakteristik

$$[K]=\begin{bmatrix}111\\101\end{bmatrix}.$$

Überhaupt verschwindet die $\vartheta$-Funktion $\vartheta[K]((v_\mu))$ stets für die Nullwerte der Argumente, welches auch der Wert von $p$ sei.

# Kapitel V.

# Anwendungen der $\vartheta$-Funktionen.

## § 19. Lösung des hyperelliptischen Umkehrproblems.

Im allgemeinen Falle der Abel'schen Funktionen sind wir zur Lösung des Umkehrproblems von dem Abel'schen Theorem für das Normalintegral III. Gattung ausgegangen, indem wir dieses Theorem in der Form

$$\sum_{\varkappa=1}^{q}{}' \int_{\varepsilon_2}^{\varepsilon_1} d\,\tilde{\omega}(\beta_\varkappa, \gamma_\varkappa) = \log \frac{\tau(\varepsilon_1) - \tau(\beta)}{\tau(\varepsilon_2) - \tau(\beta)}$$

zu Grunde legten. Dabei bedeutete $\tau$ eine Funktion der Klasse von der Ordnung $q$, $\beta_1 \ldots \beta_\varkappa \ldots \beta_q$ die $q$ Punkte, in denen $\tau$ denselben bestimmten Wert $\tau(\beta)$ besitzt, $\gamma_1 \ldots \gamma_\varkappa \ldots \gamma_q$ das System der Unstetigkeitspunkte von $\tau$. Im hyperelliptischen Falle lassen wir diese spezielle Voraussetzung über die Punkte $\gamma_1 \ldots \gamma_\varkappa \ldots \gamma_q$ fallen, und nehmen an, es seien $\gamma_1 \ldots \gamma_\varkappa \ldots \gamma_q$ die $q$ Punkte, in denen die beliebig gewählte Funktion $\tau$ der Klasse denselben gegebenen Wert $\tau(\gamma)$ besitzt. Das Abel'sche Theorem erhält dann die Form

$$1^0)\quad \sum_{\varkappa=1}^{q}{}' \int_{\varepsilon_2}^{\varepsilon_1} d\,\tilde{\omega}(\beta_\varkappa, \gamma_\varkappa) = \log\left[\frac{\tau(\varepsilon_1) - \tau(\beta)}{\tau(\varepsilon_1) - \tau(\gamma)} \cdot \frac{\tau(\varepsilon_2) - \tau(\gamma)}{\tau(\varepsilon_2) - \tau(\beta)}\right],$$

und das durch die Kongruenzen

$$2^0)\qquad \sum_{\lambda=1}^{p}{}' u_\mu^{x_\lambda c_\lambda^0} \equiv v_\mu, \qquad (\mu = 1, 2 \ldots p)$$

in denen die Punkte $c_1^0 \ldots c_\lambda^0 \ldots c_p^0$ die Nullpunkte der $\vartheta$-Funktion $\vartheta\left(\left(u_\mu^{z\varepsilon}\right)\right)$ sind, definierte Jacobi'sche Umkehrproblem wird (siehe § 8) gelöst durch $p$ Gleichungen von der Form:

$$3^0)\quad \prod_{\lambda=1}^{p} \frac{x_\lambda - \beta}{x_\lambda - \gamma} \cdot \frac{c_\lambda^0 - \gamma}{c_\lambda^0 - \beta} = \prod_{\varkappa=1}^{n} \frac{\vartheta\left(\left(v_\mu - u_\mu^{\beta_\varkappa \varepsilon}\right)\right)}{\vartheta\left(\left(v_\mu - u_\mu^{\gamma_\varkappa \varepsilon}\right)\right)} : \frac{\vartheta\left(\left(u_\mu^{\gamma_\varkappa \varepsilon}\right)\right)}{\vartheta\left(\left(u_\mu^{\beta_\varkappa \varepsilon}\right)\right)},$$

worin $\beta$ und $\gamma$ die Werte von $z$ in den Punkten $\beta_1 \ldots \beta_n$ und $\gamma_1 \ldots \gamma_n$ und $x_\lambda$, resp. $c_\lambda^0$ die Werte von $z$ in den Punkten $x_\lambda$ resp. $c_\lambda^0$ bezeichnen.

Es handelt sich nun darum, diesen Gleichungen 3°) auf Grund der speziellen Natur des hyperelliptischen Falles eine einfachere Gestalt zu geben.

Zunächst ist $n = 2$. Nehmen wir ferner für $\varepsilon$ den freien Verzweigungspunkt $\alpha$, für $\beta_1, \beta_2$ zwei in einem Verzweigungspunkte $b$ mit ungeradem Index zusammenfallende Punkte, für $\gamma_1, \gamma_2$ die zwei im freien Verzweigungspunkt $\alpha$ zusammenfallenden Punkte von $T$, und berücksichtigen wir, dafs die Punkte $c_1^0, \ldots c_\lambda^0, \ldots c_p^0$, die Nullpunkte von $\vartheta\left(\left(u_\mu^{z\alpha}\right)\right)$, zufolge Satz I°), § 15, identisch sind mit den Verzweigungspunkten $\alpha_2, \alpha_4, \ldots \alpha_{2\lambda}, \ldots \alpha_{2p}$, so geht 3°) über in:

$$4°)\quad \prod_{\lambda=1}^{p} \frac{x_\lambda - b}{x_\lambda - \alpha} \cdot \frac{\alpha_{2\lambda} - \alpha}{\alpha_{2\lambda} - b} = \frac{\vartheta\left(\left(v_\mu - u_\mu^{b\alpha}\right)\right)^2}{\vartheta\left(\left(v_\mu\right)\right)^2} \cdot \frac{\vartheta((0))^2}{\vartheta\left(\left(u_\mu^{b\alpha}\right)\right)^2},$$

Setzt man hierin für $b$ der Reihe nach $\alpha_1, \alpha_3, \ldots \alpha_{2p+1}$, so erhält man $p+1$ Gleichungen, von denen schon $p$ ausreichend sind, um die Gröfsen $x_1 \ldots x_\lambda, \ldots x_p$ zu bestimmen.

Der auf der rechten Seite von 4°) auftretende Faktor

$$5°)\quad M = \frac{\vartheta((0))^2}{\vartheta\left(\left(u_\mu^{b\alpha}\right)\right)^2},$$

der von den $v_\mu$ unabhängig und nur von der Wahl des Punktes $b$ abhängig ist, läfst sich noch weiter vereinfachen.

Nimmt man für $x_1 \ldots x_\lambda \ldots x_p$ die $p$ Punkte $b_1, b_2 \ldots b_p$, d. h. die von $b$ verschiedenen Verzweigungspunkte mit ungeradem Index, so erhält man aus 4°) die Gleichung:

$$\prod_{\lambda=1}^{p} \frac{b_\lambda - b}{b_\lambda - \alpha} \cdot \frac{\alpha_{2\lambda} - \alpha}{\alpha_{2\lambda} - b} = M \cdot \frac{\vartheta\left(\left(\sum_{\lambda=1}^{p} u_\mu^{b_\lambda \alpha_{2\lambda}} - u_\mu^{b\alpha}\right)\right)^2}{\vartheta\left(\left(\sum_{\lambda=1}^{p} u_\mu^{b_\lambda \alpha_{2\lambda}}\right)\right)^2},$$

die sich, da nach 14⁰), § 14,

$$\sum_{\lambda=1}^{p} u_\mu^{b_\lambda \alpha_{2\lambda}} = \sum_{\lambda=1}^{p} u_\mu^{b_\lambda \alpha} - \sum_{\lambda=1}^{p} u_\mu^{\alpha_{2\lambda} \alpha} = -u_\mu^{b\alpha}$$

ist, auch in der Form schreiben läfst:

$$\prod_{\lambda=1}^{p} \frac{b_\lambda - b}{b_\lambda - \alpha} \cdot \frac{\alpha_{2\lambda} - \alpha}{\alpha_{2\lambda} - b} = M \cdot \frac{\vartheta((2u_\mu^{b\alpha}))^2}{\vartheta((u_\mu^{b\alpha}))^2}.$$

Denkt man sich diese Gleichung nach $M$ aufgelöst und die sich ergebende Gleichung mit 5⁰) multipliziert, so erhält man:

$$M^2 = \prod_{\lambda=1}^{p} \frac{b_\lambda - b}{b_\lambda - \alpha} \cdot \frac{\alpha_{2\lambda} - \alpha}{\alpha_{2\lambda} - b} \cdot \frac{\vartheta((0))^2}{\vartheta((2u_\mu^{b\alpha}))^2}.$$

Nach 13⁰) § 14 ist aber allgemein, wenn wir für $b$ den Verzweigungspunkt $\alpha_{2\nu+1}$ nehmen:

$$2u_\mu^{\alpha_{2\nu+1}\alpha} = -a_{\mu\nu},$$

wenn wir von einem etwa noch hinzukommenden Summanden $\pi i$ absehen. Berücksichtigt man noch, dafs nach 3⁰) § 4

$$\vartheta((-a_{\mu\nu}))^2 = \vartheta((o - a_{\mu\nu}))^2 = e^{-2a_{\nu\nu}} \cdot \vartheta((o))^2$$

ist, so erhält man:

$$6^{0}) \quad M^2 = e^{2a_{\nu\nu}} \cdot \prod_{\lambda=1}^{p} \frac{b_\lambda - b}{b_\lambda - \alpha} \cdot \frac{\alpha_{2\lambda} - \alpha}{\alpha_{2\lambda} - b}, \quad (\nu = 0, 1, 2 \ldots p)$$

wo $b = \alpha_{2\nu+1}$, $b_\lambda \neq b$ ist, und $a_{00}$ gleich Null zu setzen ist.

Schreibt man nun noch zur Abkürzung:

$$Z(x_\lambda) = \prod_{\lambda=1}^{p} \frac{x_\lambda - b}{x_\lambda - \alpha},$$

so ergiebt sich aus 4⁰) und 6⁰):

$$7^{0}) \quad \frac{Z(x_\lambda)}{\sqrt{Z(\alpha_{2\lambda}) \cdot Z(b_\lambda)}} = e^{a_{\nu\nu}} \cdot \frac{\vartheta((v_\mu - u_\mu^{b\alpha}))^2}{\vartheta((v_\mu))^2}.$$

Diese Formel, in der $b = \alpha_{2\nu+1}$ ($\nu = 0, 1 \ldots p$) ist, und die $b_\lambda$ ($\lambda = 1 \ldots p$) die von $b$ verschiedenen Verzweigungspunkte mit ungeradem Index sind, repräsentiert $p+1$ Gleichungen, von denen $p$ ausreichend sind zur Bestimmung der Punkte $x_1 \ldots x_\lambda \ldots x_p$. Die Formel 7°) enthält also die Lösung des durch die Kongruenzen 2°) definierten hyperelliptischen Umkehrproblems.

Auf den Fall, dafs dieses Problem $\infty$ viele Lösungen besitzt, gehen wir hier nicht ein.

## § 20. Die Wurzelfunktionen zweiten Grades.

Wie wir früher (§ 10) gesehen haben, hat der allgemeinste $\vartheta$-Quotient, der eine Wurzelfunktion $m^{\text{ten}}$ Grades darstellt, die Form

$$1°)\quad P = C.\frac{\vartheta((u_\mu - e_\mu^{(1)}))\ldots\vartheta((u_\mu - e_\mu^{(r)}))}{\vartheta((u_\mu - f_\mu^{(1)}))\ldots\vartheta((u_\mu - f_\mu^{(r)}))}.e^{-\frac{2}{m}\sum\limits_{\lambda=1}^{p} h_\lambda . u_\lambda(o)}$$

Diese Funktion scheidet

$$\text{an } a_\lambda \text{ den Faktor } m_\lambda = e^{-2\pi i.\frac{h_\lambda}{m}},$$

$$\text{an } b_\lambda \text{ den Faktor } n_\lambda = e^{2\pi i.\frac{g_\lambda}{m}}$$

aus, während die Parameter $e$ und $f$ durch die $p$ Beziehungen

$$2°)\quad \sum_{\sigma=1}^{p}((e_\mu^{(\sigma)} - f_\mu^{(\sigma)})) = \frac{1}{m}(g\,h)_\mu \qquad (\mu = 1 \ldots p)$$

mit einander verbunden sind, und die ganzen Zahlen $g, h$, unbeschadet der Allgemeinheit auf die Werte $0, 1\ 2 \ldots m-1$ beschränkt sind.

Die $p$ Beziehungen 2°) zwischen den $e$ und $f$ zeigen, dafs, wenn die Multiplikatoren $m_\lambda$ und $n_\lambda$, d. h. die Zahlen $g_\lambda$ und $h_\lambda$, und die Parameter $f$, d. h die Nullpunkte der $r$ $\vartheta$-Faktoren des Nenners von $P$, vorgeschrieben sind, nur mehr $(r-1)\,p$ Parameter $e$ des Zählers willkürlich angenommen werden können. Denkt man sich die Parameter der $r-1$ letzten $\vartheta$-Faktoren des Zählers in bestimmter, sonst willkürlicher Weise gewählt, so sind die Parameter $e_\mu^{(1)}$ $(\mu = 1 \ldots p)$ und also auch die Nullpunkte von $\vartheta((u_\mu - e_\mu^{(1)}))$ vollständig bestimmt, vorausgesetzt natürlich, dafs vermöge der Wahl der übrigen Parameter die Funktion $\vartheta((u_\mu - e_\mu^{(1)}))$ nicht identisch verschwindet. — Diesen Fall schliefsen wir aus.

Bezeichnet man die Nullpunkte des Nenners von $P$ promiscue mit $\varepsilon_\nu$ $(\nu = 1, 2 \,..\, rp)$, die mit ihnen in der hyperelliptischen Fläche $T$ sich deckenden Punkte mit $\varepsilon'_\nu$, die Nullpunkte der $r-1$ letzten $\vartheta$-Faktoren des Zählers mit $\beta_\nu$ $(\nu = 1 \ldots (r-1)p)$, so ist:

$$\sum_{\sigma=2}^{r} e_\mu^{(\sigma)} \equiv \sum_{\nu=1}^{(r-1)p} u_\mu(\beta_\nu) - (r-1)\, K_\mu\,,$$

$$\sum_{\sigma=1}^{r} f_\mu^{(\sigma)} \equiv \sum_{\nu=1}^{rp} u_\mu(\varepsilon_\nu) - p\, K_\mu \equiv \sum_{\nu=1}^{rp} u_\mu(\varepsilon'_\nu) - p\, K_\mu$$

und daher, zufolge 2°):

$$e_\mu^{(1)} \equiv \frac{1}{m}(g\,h)_\mu - \sum_{\nu=1}^{(r-1)p} u_\mu(\beta_\nu) - \sum_{\nu=1}^{rp} u_\mu(\varepsilon'_\nu) - K_\mu\,.$$

Die erste $\vartheta$-Funktion des Zählers geht somit über in:

$$\vartheta\left(\left(u_\mu(o) + \sum_{\nu=1}^{(r-1)p} u_\mu(\beta_\nu) + \sum_{\nu=1}^{rp} u_\mu(\varepsilon'_\nu) + K_\mu - \frac{1}{m}(g\,h)_\mu\right)\right).$$

Soll die Funktion $P$ nicht von der Ordnung $rp$, sondern von einer kleineren Ordnung $q \overline{\gtrless} p$ sein, so müssen $rp - q$ Nullpunkte des Zählers mit ebensoviel Nullpunkten des Nenners zusammenfallen; wir nehmen an, es seien dies die letzten Nullpunkte von Zähler und Nenner. Die obige $\vartheta$-Funktion verwandelt sich dann in:

3°) $$\vartheta\left(\left(u_\mu + A_\mu - \frac{1}{m}(gh)_\mu\right)\right),$$

wo

4°) $$A_\mu = \sum_{\nu=1}^{q-p} u_\mu(\beta_\nu) + \sum_{\nu=1}^{q} u_\mu(\varepsilon_\nu) + K_\mu + (GH)_\mu$$

ist. Wir spezialisieren nun die Funktion $P$ mit dieser Form 3°) des ersten $\vartheta$-Faktors in Zähler.

Läfst man im Ausdruck für $P$ die Zahl $m = 1$ und alle Zahlen $g_\lambda$, $h_\lambda$ gleich 0 werden, so geht $P$ über in eine Funktion der Klasse:

$$5°)\quad P' = C' \cdot \frac{\vartheta((u_\mu + A_\mu)) \cdot \vartheta((u_\mu - e_\mu^{(2)})) \dots \vartheta((u_\mu - e_\mu^{(r)}))}{\vartheta((u_\mu - f_\mu^{(1)})) \dots\dots\dots\dots \vartheta((u_\mu - f_\mu^{(r)}))},$$

die $\infty^1$ wird in den $q$ Punkten $\varepsilon_1 \dots \varepsilon_\nu \dots \varepsilon_q$, $0^1$ in den $q - p$ Punkten $\beta_\nu$ und den $p$ Nullpunkten von $\vartheta((u_\mu + A_\mu))$, die durch diese $2q - p$ Punkte $\varepsilon_\nu$, $\beta_\nu$ vollständig bestimmt sind, wenn nicht etwa, was wir ausschliefsen, $\vartheta((u_\mu + A_\mu))$ identisch Null ist. Auch den Fall $q = p$ schliefsen wir aus; in diesem Falle wäre nämlich $P'$ eine Funktion I. Gattung, und

$$A_\mu = \sum_{\nu=1}^{p} u_\mu(\varepsilon'_\nu) + K_\mu + (GH)_\mu.$$

Die Funktion $\vartheta((u_\mu + A_\mu))$ hätte also, nach Satz II$^0_a$), § 17, die Punkte $\varepsilon_1 \dots \varepsilon_p$ zu Nullpunkten, d. h. $P'$ würde sich auf eine Konstante reduzieren und keine Funktion der Klasse mehr darstellen.

Setzt man ferner im Ausdruck 1°) mit der Form 3°) des ersten $\vartheta$-Faktors im Zähler: $m = 2$, so stellt

$$P = C \cdot \frac{\vartheta((u_\mu + A_\mu - \frac{1}{2}(gh)_\mu)) \dots \vartheta((u_\mu - e_\mu^{(r)}))}{\vartheta((u_\mu - f_\mu^{(1)})) \dots\dots\dots \vartheta((u_\mu - f_\mu^{(r)}))} \cdot e^{-\sum\limits_{\lambda=1}^{p} h_\lambda \cdot u_\lambda(0)}$$

eine Wurzelfunktion zweiten Grades dar, die bis auf einen konstanten Faktor übereinstimmt mit

$$6°)\quad P_1 = \frac{\vartheta\begin{bmatrix}h\\g\end{bmatrix}((u_\mu + A_\mu)) \cdot \vartheta((u_\mu - e_\mu^{(2)})) \dots \vartheta((u_\mu - e_\mu^{(r)}))}{\vartheta((u_\mu - f_\mu^{(1)})) \dots\dots\dots\dots\dots \vartheta((u_\mu - f_\mu^{(r)}))}.$$

Durch Vergleichung der Ausdrücke 5°) und 6°) ergiebt sich

$$7°)\qquad P_1 = B \cdot \frac{\vartheta\begin{bmatrix}h\\g\end{bmatrix}((u_\mu + A_\mu))}{\vartheta((u_\mu + A_\mu))} \cdot P',$$

worin $B$ eine Konstante bezeichnet, und wir im Argumente der $\vartheta$-Funktionen in Zähler und Nenner von dem System von ganzen Simultanperioden $(GH)_\mu$ absehen, so daſs von jetzt an

$$A_\mu = \sum_{\nu=1}^{2q-p} u_\mu(\gamma_\nu) + K_\mu,$$

oder allgemeiner

8º) $$A_\mu = \sum_{\nu=1}^{n} u_\mu(\gamma_\nu) + K_\mu$$

ist, für $n > p$.

Die durch 6º) definierte Wurzelfunktion zweiten Grades $P_1$ suchen wir nun algebraisch darzustellen. Wie aus 7º) hervorgeht, verlangt diese Aufgabe die algebraische Darstellung einmal der Funktion der Klasse $P'$, dann der Funktion

9º) $$Q = \frac{\vartheta\begin{bmatrix}h\\g\end{bmatrix}((u_\mu + A_\mu))}{\vartheta((u_\mu + A_\mu))}.$$

Wir beginnen mit $P'$.

Bezeichnen allgemein $s_\nu$, $z_\nu$ die Werte von $s$ und $z$ im Unstetigkeitspunkte $\varepsilon_\nu$ ($\nu = 1 \quad q$) von $P'$, so wird das Produkt

$$R = \prod_{\nu=1}^{q} (z - z_\nu)$$

in $T$ gleich $0^1$ in $\varepsilon_1 \ldots \varepsilon_\nu \ldots \varepsilon_q$ und ebenso in den sie deckenden Punkten $\varepsilon'_\nu(\bar{s}_\nu, z_\nu)$ ($\nu = 1 \ldots q$), und $\infty^q$ in jedem der zwei unendlich fernen Punkte von $T$. Das Produkt $P'.R$ ist also eine Funktion der Klasse von der Ordnung $2q$, die im Endlichen nirgends unstetig wird, d. h. eine ganze Funktion von $s$ und $z$. Es ist daher:

$$P'.R = K.s + L,$$

wo $K$ und $L$ ganze Funktionen von $z$ sind, und zwar $K$ vom Grade $q - p - 1$, $L$ vom Grade $q$. Wir können daher setzen:

10º) $$P'.R = s(cz^{q-p-1} + c_1 z^{q-p-2} + \ldots + c_{q-p-1})$$
$$+ (c_{q-p} z^q + c_{q-p+1} \cdot z^{q-1} + \ldots + c_{2q-p-1} \cdot z + c_{2q-p}).$$

Die Funktion $P'.R$ wird $0^1$ in den $q$ Punkten $\varepsilon_1 \ldots \varepsilon'_\nu \ldots \varepsilon_q$ mit den Koordinaten $(\bar{s}_\nu, z_\nu)$, den $q-p$ Punkten $\beta_\nu$ mit den Koordinaten $(\sigma_\nu, \zeta_\nu)$ und in den durch diese Punkte bestimmten $p$ Nullpunkten von $\vartheta((u_\mu + A_\mu))$. Zur Bestimmung der in 10°) auftretenden konstanten Koeffizienten haben wir daher die $2q-p$ Gleichungen:

$$\bar{s}_\nu (cz_\nu^{q-p-1} + \ldots + c_{q-p-1}) + (c_{q-p} z_\nu^q + \ldots + c_{2q-p-1} \cdot z_\nu + c_{2q-p}) = 0,$$
$$(\nu = 1 \ldots q)$$

$$\sigma_\nu (c\zeta_\nu^{q-p-1} + \ldots + c_{q-p-1}) + (c_{q-p} \cdot \zeta_\nu^q + \ldots + c_{2q-p-1} \cdot \zeta_\nu + c_{2q-p}) = 0,$$
$$(\nu = 1 \ldots q-p),$$

aus denen sich unmittelbar ergiebt:

$$P'.R = \text{const.}\, \Delta, \text{ wo}$$

$$11°)\ \Delta = \begin{vmatrix} sz^{q-p-1} & sz^{q-p-2} \ldots & sz & s & z^q & z^{q-1} \ldots z & 1 \\ \bar{s}_1 . z_1^{q-p-1} & \bar{s}_1 z_1^{q-p-2} & \bar{s}_1 z_1 & \bar{s}_1 & z_1^q & z_1^{q-1} \ldots z_1 & 1 \\ . & & & & & & . \\ \bar{s}_q z_q^{q-p-1} & \bar{s}_q z_q^{q-p-2} & \bar{s}_q z_q & \bar{s}_q & z_q^q & z_q^{q-} \ldots z_q & 1 \\ \sigma_1 . \zeta_1^{q-p-1} & \sigma_1 \zeta_1^{q-p-2} & \sigma_1 \zeta_1 & \sigma_1 & \zeta_1^q & \zeta_1^{q-1} \ldots \zeta_1 & 1 \\ . & & & & & & . \\ \sigma_{q-p} . \zeta_{q-p}^{q-p-1} & \sigma_{q-p} . \zeta_{q-p}^{q-p-2} \ldots & \sigma_{q-p} . \zeta_{q-p} & \sigma_{q-p} & \zeta_{q-p}^q & \zeta_{q-p}^{q-1} \ldots \zeta_{q-p} & 1 \end{vmatrix}$$

ist. In der That wird diese Determinante $\Delta = 0^1$ in den $2q-p$ Punkten $\varepsilon'_1 \ldots \varepsilon'_q$, $\beta_1 \ldots \beta_{q-p}$, und aufserdem, da sie eine Funktion der Klasse von der Ordnung $2q$ ist, noch in $p$ weiteren Punkten, die, wie die Form von $\Delta$ zeigt, durch $\varepsilon_1 \ldots \varepsilon'_q$, $\beta_1 \ldots \beta_{q-p}$ bestimmt sind und daher mit den Nullpunkten von $\vartheta((u_\mu + A_\mu))$ identisch sind.

Für die Funktion $P'$ der Klasse haben wir so die algebraische Darstellungsformel:

$$12°)\qquad P' = \text{const.} \frac{\Delta}{\prod\limits_{\nu=1}^{q} (z - z_\nu)},$$

deren Gültigkeit an die Voraussetzung geknüpft ist, dafs keine zwei von den Punkten $\varepsilon_1' \ldots \varepsilon_q'$, $\beta_1 - \beta_{q-p}$ identisch sind. — Hiermit ist der erste Teil unserer Aufgabe gelöst.

Ehe wir an die algebraische Darstellung von $Q$ in 9°) gehen, ziehen wir noch eine Folgerung aus dem eben abgeleiteten Resultate. Bezeichnet man die Punkte $\varepsilon_1' \ldots \varepsilon_q'$, $\beta_1 \ldots \beta_{q-p}$, deren Koordinaten in 11°) auftreten, allgemein mit $\gamma_1 \ldots \gamma_\nu \ldots \gamma_n$ und ihre Koordinaten mit $s_\nu$, $z_\nu$ $(\nu = 1 \ldots 2q-p)$, so geht $\varDelta$ über in:

$$13°)\quad \varDelta_n = \begin{vmatrix} s z^{n-q-1} & s z^{n-q-2} \ldots s z & s & z^q & z^{q-1} \ldots z & 1 \\ s_1 z_1^{n-q-1} & s_1 z_1^{n-q-2} \ldots s_1 z_1 & s_1 & z_1^q & z_1^{q-1} \ldots z_1 & 1 \\ \cdot & \cdot & & & & \\ s_\nu z_\nu^{n-q-1} & s_\nu z_\nu^{n-q-2} \ldots s_\nu z_\nu & s_\nu & z_\nu^q & z_\nu^{q-1} \ldots z_\nu & 1 \\ \cdot & & & & & \\ s_n z_n^{n-q-1} & s_n z_n^{n-q-2} \ldots s_n z_n & s_n & z_n^q & z_n^{q-1} \ldots z_n & 1 \end{vmatrix},$$

und die algebraische Gleichung $\varDelta_n = 0$ fixiert nach dem Obigen die $p$ Nullpunkte von

$$\vartheta((u_\mu + A_\mu)) = \vartheta\left(\left(u_\mu(0) + \sum_{\nu=1}^{n} u_\mu(\gamma_\nu) + K_\mu\right)\right)$$

in ihrer Abhängigkeit von den sie bestimmenden Punkten $\gamma_1 \ldots \gamma_n$.

Die vorigen Betrachtungen beziehen sich auf den Fall, wo $n$ von der Form $2q-p$ ist; ist $n$ nicht von dieser Form, so mufs es von der Form $n = 2q-p-1$ sein. Dieser Fall läfst sich als ein Spezialfall des vorigen ansehen, der dann eintritt, wenn einer der $2q-p$ Punkte $\gamma_\nu$, etwa $\gamma_n$, mit dem freien Verzweigungspunkte $\alpha$ zusammenfällt. In diesem Fall wird zunächst $u_\mu(\gamma_n) = u_\mu(\alpha) = 0$; da zugleich $s_n = 0$ wird, so ergiebt sich für $n = 2q-p-1$ eine Determinante, die sich von $\varDelta_n$ nur dadurch unterscheidet, dafs ihre letzte Horizontalreihe lautet:

$$14°)\quad 0\ 0 \ldots 0\ 0\ \alpha^q\ \alpha^{q-1} \ldots \alpha\ 1.$$

Wir können daher ganz allgemein den Satz aussprechen:

**Satz I.⁰)** Wenn die $\vartheta$-Funktion

$$\vartheta\left(\left(u_\mu(0)+\sum_{\nu=1}^{n} u_\mu(\gamma_\nu)+K_\mu\right)\right) \qquad (n>p)$$

nicht identisch verschwindet, so sind ihre $p$ Nullpunkte durch die algebraische Gleichung $\Delta_n=0$ mit den $n$ Punkten $\gamma_1\ldots\gamma_n$ verknüpft. Ist speziell $n$ von der Form $2q-p-1$, so hat die letzte Horizontalreihe von $\Delta_n$ die Form 14.⁰).

Vorausgesetzt ist hierbei, dafs keine zwei von den Punkten $\gamma_1\ldots\gamma_n$ identisch sind oder einander in $T$ bedecken, und aufserdem im Falle $n=2q-p-1$, dafs nicht schon einer der Punkte $\gamma_1\ldots\gamma_{n-1}$ mit dem freien Verzweigungspunkte $\alpha$ zusammenfalle.

Nach diesem vorbereitenden Resultate können wir an die algebraische Darstellung von $Q$ herantreten. Der Weg, den wir dabei einschlagen, ist kurz folgender. Wir suchen eine möglichst einfache algebraische Funktion $r$ mit bekannten Null- und Unstetigkeitspunkten herzustellen, die in $T'$ einwertig ist und an den Querschnitten $a_\lambda, b_\lambda\,(\lambda=1\ldots p)$ dieselben Faktoren ausscheidet, wie $Q$ selbst. Das Produkt $Q\ r$ ist dann eine Funktion der Klasse, von der man, wenn die Unstetigkeitspunkte von $Q$ bekannt sind, sämtlich Unstetigkeitspunkte und alle Nullpunkte bis auf $p$ derselben kennt, und diese $p$ Nullpunkte sind durch die bekannten Null- und Unstetigkeitspunkte im allgemeinen eindeutig bestimmt. Durch Auflösen eines Systems linearer Gleichungen läfst sich dann leicht der algebraische Ausdruck für $Q\,.\,r$, also auch der für $Q$ herstellen.

In § 16 haben wir eine Funktion

15.⁰) $$r=\sqrt{\prod_{\varkappa=0}^{2p+1}(z-\alpha_\varkappa)^{\varrho_\varkappa}}$$

kennen gelernt, die an den Querschnitten $a_\lambda, b_\lambda$, ebenso wie $Q$, Potenzen von $-1$ ausscheidet, und aufserdem noch an einem Schnitte $D$ den Faktor $(-1)^k$, wo $k=\sum_\varkappa \varrho_\varkappa$ ist. Diese Funktion $r$, in der wir jetzt die Exponenten $\varrho_\varkappa$ auf die Werte 0 und 1 beschränken, suchen wir so zu bestimmen, daſs das Produkt

$$r \, . \, Q$$

eine Funktion der Klasse wird. Die notwendige und ausreichende Bedingung hierfür ist, wie sich aus den Querschnittseigenschaften von $r$ und $Q$ ergiebt, daſs die Exponenten $\varrho, \varrho_1, \varrho_2, \ldots \varrho_{2p+1}$ den Kongruenzen

$$1^{\text{o}}) \quad k \equiv 0 \,(\text{mod. } 2),$$

$$2^{\text{o}}) \quad H_\lambda \equiv h_\lambda \,(\text{mod. } 2),$$

$$3^{\text{o}}) \quad G_\lambda \equiv g_\lambda \,(\text{mod. } 2), \qquad (\lambda = 1, 2 \ldots p)$$

genügen, wo $H_\lambda = \varrho_{2\lambda} + \varrho_{2\lambda+1}$,

$$G_\lambda = \varrho_1 + \varrho_2 + \cdots + \varrho_{2\lambda}$$ ist.

Diese Kongruenzen liefern, wie eine leichte Rechnung zeigt, das Lösungssystem:

$$16^{\text{o}}) \begin{cases} \varrho_1 \equiv \varrho + h_1 + h_2 + \cdots + h_p, \\ \varrho_{2\lambda} \equiv \varrho + g_\lambda + h_\lambda + h_{\lambda+1} + \cdots + h_p, \quad (\lambda = 1, 2 \ldots p) \\ \varrho_{2\lambda+1} \equiv \varrho + g_\lambda + h_{\lambda+1} + \cdots + h_p, \end{cases}$$

durch welches die Exponenten $\varrho_1, \varrho_2 \ldots \varrho_{2p+1}$, da sie nach Voraussetzung auf die Werte 0 und 1 beschränkt sind, in eindeutiger Weise bestimmt werden. Für den Exponenten $\varrho$ sind dabei immer noch die zwei Werte 0 und 1 zulässig. Nennen wir daher eine Funktion $r$, deren Exponenten $\varrho_1, \varrho_2 \ldots \varrho_{2p+1}$ den Bedingungen 16°) genügen, eine zu $Q$ assoziierte Funktion, so giebt es zwei solche Funktionen, entsprechend den zwei für $\varrho$ noch zulässigen Werten 0 und 1. Bezeichnet man sie mit $r$ und $r'$, so folgt aus 16°), daſs das Produkt $r \, . \, r'$ gleich der fundamentalen Irrationalität $s$ ist.

Die algebraisch darzustellende Funktion

$$Q = \frac{\vartheta \begin{bmatrix} h \\ g \end{bmatrix} ((u_\mu + A_\mu))}{\vartheta((u_\mu + A_\mu))},$$

wo

$$A_\mu = \sum_{\nu=1}^{n} u_\mu (\gamma_\nu) + K_\mu$$

ist, und $n$ stets als von der Form $n = 2q - p$ angenommen werden kann, ist bis auf einen konstanten Faktor bestimmt durch die Forderung, $\infty^1$ zu werden in den Nullpunkten von $\vartheta((u_\mu + A_\mu))$ und an $a_\lambda, b_\lambda$ die Faktoren $(-1)^{h_\lambda}$, $(-1)^{g_\lambda}$ auszuscheiden. Es sei nun $r$ eine der zwei zu $Q$ assoziierten Funktionen, so dafs

$$r \,.\, Q = \tau$$

eine Funktion der Klasse ist. Multipliziert man diese Funktion mit der Determinante $\varDelta_n$, welche die $p$ Nullpunkte von $\vartheta((u_\mu + A_\mu))$ in ihrer Abhängigkeit von den $n$ Punkten $\gamma_\nu$ festlegt, so ist das Produkt

$$\varDelta_n \,.\, r \;\; Q$$

eine Funktion der Klasse, die für endliche Werte von $z$ nicht $\infty$ wird, und sich daher in der Form

$$\varDelta_n \,.\, r \,.\, Q = K \,.\, s + L$$

darstellen läfst, wo $K$ und $L$ ganze Funktionen von $z$ sind.

Die linke Seite der vorigen Gleichung verschwindet in sämtlichen $k\,(=2m)$ Verzweigungspunkten, in denen $r = 0^1$ wird, und dasselbe gilt von dem ersten Summanden $K \,.\, s$ der rechten Seite; der zweite Summand $L$ der rechten Seite mufs also auch in allen diesen Punkten verschwinden, d. h. $L$ mufs durch $r$, und da es ganze Funktion von $z$ ist, auch durch $r^2$ teilbar sein. Setzen wir daher

$$s = r \,.\, r',$$

so erhalten wir:

$$\varDelta_n \,.\, Q = K \,.\, r' + L' \,.\, r,$$

wo $L'$ wieder eine ganze Funktion von $z$ ist.

Die Grade von $K$ und $L'$ in $z$ ergeben sich aus dem Verhalten von $\varDelta_n$, $Q$, $r$ und $r'$ für $z = \infty$.

Für $z = \infty$ bleibt $Q$ endlich, während $\varDelta_n$ in jedem Blatte von $T$ gleich $\infty^{\frac{1}{2}(n+p)}$ wird; da ferner, für $z = \infty$, $r$ und $r'$ in jedem Blatte gleich $\infty^{\frac{k}{2}}$ und $\infty^{p+1-\frac{k}{2}}$ werden, so mufs in jedem Blatte für $z = \infty$:

$$K = \infty^{\frac{1}{2}(n+p) - p - 1 + \frac{k}{2}},$$
$$L' = \infty^{\frac{1}{2}(n+p) - \frac{k}{2}}$$

werden. $K$ und $L'$ sind daher in $z$ von den Graden:

17°.) $v = \frac{1}{2}(n + k - p) - 1$ und $x = \frac{1}{2}(n + p - k)$

anzusetzen, und es ist:

18°.) $$\Delta_n \,.\, Q = (b \,.\, z^v + b_1 z^{v-1} + \ldots + b_v) \,.\, r' + (c z^x + c_1 z^{x-1} + \ldots + c_x) \,.\, r.$$

Die linke Seite dieser Gleichung verschwindet in den $n$ Nullpunkten $\gamma_1 \ldots \gamma_\nu \ldots \gamma_n$ von $\Delta_n$; die noch unbestimmten

$$v + x + 2 = n + 1$$

Koeffizienten $b$ und $c$ der rechten Seite müssen daher so bestimmt werden, daſs auch die rechte Seite in diesen Punkten verschwindet, d. h. daſs die $n$ Gleichungen

$$(b z_\nu^v + b_1 z_\nu^{v-1} + \ldots + b_v) r'_\nu + (c z_\nu^x + c_1 z_\nu^{x-1} + \ldots + c_x) r_\nu = 0$$
$$(\nu = 1, 2 \ldots p)$$

erfüllt sind. Hieraus ergiebt sich sogleich für $Q$ die Darstellungsformel

19°.) $$Q = C \,.\, \frac{D}{\Delta_n},$$

wo $D$ die Determinante

20°.) $$D = \begin{vmatrix} r' z^v & r' z^{v-1} \ldots r' & r\, z^x & r z^{x-1} \ldots r \\ r'_1 z_1^v & r'_1 z_1^{v-1} \ldots r'_1 & r_1 z_1^x & r_1 z_1^{x-1} \ldots r_1 \\ & & & \\ r'_n z_n^v & r'_n z_n^{v-1} \ldots r'_n & r_n z_n^x & r_n z_n^{x-1} \ldots r_n \end{vmatrix}$$

bedeutet, und $C$ eine von $z$, d. h. von der Lage des Punktes $(s, z)$ unabhängige Konstante ist. — Berücksichtigt man, daſs $Q$, wie sein Ausdruck als $\vartheta$-Quotient zeigt, in den Punkten $(s, z), (s_1, z_1) \ldots (s_n, z_n)$ symmetrisch ist und daſs in der algebraischen Darstellung 19°.) der Quotient $\frac{D}{\Delta_n}$ in den

Koordinaten dieser Punkte ebenfalls symmetrisch ist, so folgt, dafs auch $C$ in diesen $n+1$ Punkten symmetrisch sein mufs. Da aber $C$ von $(s, z)$ unabhängig ist, so mufs es in gleicher Weise von den Koordinaten der $n$ übrigen Punkte unabhängig sein. $C$ ist also ein reiner Zahlenwert, der völlig unabhängig ist von der Lage der $n+1$ Punkte $(s, z), \gamma_1 \dots \gamma_n$.

Der Ausdruck für $Q$ gestaltet sich sehr einfach, wenn

$n = p$, und daher $2q - p = p$ oder $q = p$

angenommen wird. In diesem Falle ist

$$v = \frac{1}{2}(n + k - p) - 1 = \frac{k}{2} - 1,$$

$$x = \frac{1}{2}(n + p - k) \qquad = p - \frac{k}{2},$$

und es ergiebt sich für

$$21^0) \qquad Q = \frac{\vartheta\begin{bmatrix}h\\g\end{bmatrix}((u_\mu(o) + \sum_{\nu=1}^{p} u_\mu(\gamma_\nu) + K_\mu))}{\vartheta((u_\mu(o) + \sum_{\nu=1}^{p} u_\mu(\gamma_\nu) + K_\mu))}$$

die algebraische Darstellungsformel:

$$22^0) \qquad Q = C \cdot \frac{D'}{\Delta'_n},$$

wo $C$ denselben Wert hat wie in $19^0$) und $D'$, $\Delta'_n$ die Determinanten:

$$D' = \begin{vmatrix} r' z^{m-1} & r' z^{m-2} \dots r' & r z^{p-m} \dots r \\ r'_1 z_1^{m-1} & r'_1 z_1^{m-2} \dots r'_1 & r_1 z_1^{p-m} \dots r_1 \\ & & \\ r'_p z_p^{m-1} & r'_p z_p^{m-2} \dots r'_p & r_p z_p^{p-m} \dots r_p \end{vmatrix}, \quad (k = 2m)$$

$$\Delta'_n = \begin{vmatrix} z^p & z^{p-1} \dots & z & 1 \\ z_1^p & z_1^{p-1} \dots & z_1 & 1 \\ & & & \\ z_p^p & z_p^{p-1} \dots & z_p & 1 \end{vmatrix} = \begin{matrix}(z - z_1)(z - z_2)\dots(z - z_p) \\ (z_1 - z_2)\dots(z_1 - z_p) \\ \\ (z_{p-1} - z_p)\end{matrix}$$

bedeuten.

Die in 19°) und 22°) auftretende Zahl $C$ läſst sich algebraisch durch die Verzweigungspunkte der hyperelliptischen Fläche ausdrücken. Näheres hierüber findet man bei Herrn Prym: Zur Theorie der Funktionen in einer zweiblättrigen Fläche, pag. 38—42 und pag. 47.

Bei der im Vorigen durchgeführten Darstellung von $Q$ sind die $n$ Punkte $\gamma_1 \ldots \gamma_n$ als frei variabel angenommen worden. Läſst man einige derselben oder auch alle feste Lagen annehmen, etwa in Verzweigungspunkte rücken, so ergeben sich entsprechend modifizierte Darstellungsformeln. Wir gehen hierauf nicht näher ein.

Die Formeln 12°) und 19°) liefern die algebraische Darstellung der Wurzelfunktion zweiten Grades $P_1$ in 6°). —